바빠 교과서 연산

3-2

이지스에듀

지은이 | 징검다리 교육연구소

징검다리 교육연구소는 바쁜 친구들을 위한 빠른 학습법을 연구하는 이지스에듀의 공부 연구소입니다.
아이들이 기계적으로 공부하지 않도록, 두뇌가 활성화되는 과학적 학습 설계가 적용된 책을 만듭니다.

바빠 교과서 연산 시리즈(개정판)

바빠 교과서 연산 3-2

(이 책은 2019년 3월에 출간한 '바쁜 3학년을 위한 빠른 교과서 연산 3-2'를 새 교육과정에 맞춰 개정했습니다.)

초판 발행 2025년 5월 30일
초판 2쇄 2025년 7월 20일
지은이 징검다리 교육연구소
발행인 이지연　　　　　　　　　　　　　**펴낸곳** 이지스퍼블리싱(주)
출판사 등록번호 제313-2010-123호　　　　**제조국명** 대한민국
주소 서울시 마포구 잔다리로 109 이지스 빌딩 5층(우편번호 04003)
대표전화 02-325-1722　　　　　　　　　**팩스** 02-326-1723
이지스퍼블리싱 홈페이지 www.easyspub.com　　**이지스에듀 카페** www.easysedu.co.kr
바빠 아지트 블로그 blog.naver.com/easyspub　**인스타그램** @easys_edu
페이스북 www.facebook.com/easyspub2014　**이메일** service@easyspub.co.kr

기획 및 책임 편집 김현주 | 박지연, 정지희, 정지연, 이지혜　**표지 및 내지 디자인** 손한나, 김세리
일러스트 김학수, 이츠북스　**전산편집** 이츠북스　**인쇄** js프린팅　**독자 지원** 박애림, 이세진, 김수경
영업 및 문의 이주동, 김요한(support@easyspub.co.kr)　**마케팅** 라혜주

'빠독이'와 '이지스에듀'는 상표 등록된 상품명입니다.
잘못된 책은 구입한 서점에서 바꿔 드립니다.
이 책에 실린 모든 내용, 디자인, 이미지, 편집 구성의 저작권은 이지스퍼블리싱(주)과 지은이에게 있습니다.
허락 없이 복제할 수 없습니다.

ISBN 979-11-6303-/16-3
ISBN 979-11-6303-581-7(세트)
가격 11,000원

• **이지스에듀**는 이지스퍼블리싱(주)의 교육 브랜드입니다.
　(이지스에듀는 학생들을 탈락시키지 않고 모두 목적지까지 데려가는 책을 만듭니다!)

공부 습관을 만드는 첫 번째 연산 책!

이번 학기에 필요한 연산은 이 책으로 완성!

◆◆ 이번 학기 연산, 작은 발걸음 배치로 막힘없이 풀 수 있어요!

'바빠 교과서 연산'은 이번 학기에 필요한 연산만 모아 똑똑한 방식으로 훈련하는 '학교 진도 맞춤 연산 책'이에요. 실제 학교에서 배우는 방식으로 설명하고, 작은 발걸음 방식(small-step)으로 문제가 배치되어 막힘없이 풀게 돼요. 여기에 이해를 돕고 실수를 줄여 주는 꿀팁까지! 수학 전문학원 원장님에게나 들을 수 있던 '바빠 꿀팁'과 책 곳곳에서 알려주는 빠독이의 힌트로 쉽게 이해하고 문제를 풀 수 있답니다.

◆◆ 산만해지는 주의력을 잡아 주는 이 책의 똑똑한 장치들!

이 책에서는 자릿수가 중요한 연산 문제는 모눈 위에서 정확하게 계산하도록 편집했어요. 또 3학년 친구들이 자주 틀린 문제는 '앗! 실수' 코너로 한 번 더 짚어 주어 더 빠르고 완벽하게 학습할 수 있답니다.

그리고 각 쪽마다 집중 시간이 적힌 목표 시계가 있어요. 이 시계는 속도를 독촉하기 위한 게 아니에요. 제시된 시간은 딴짓하지 않고 풀면 3학년 어린이가 충분히 풀 수 있는 시간입니다. 공부할 때 산만해지지 않도록 시간을 측정해 보세요. 집중하는 재미와 성취감을 동시에 맛보게 될 거예요.

◆◆ 엄마들이 감동한 책 – '우리 아이가 처음으로 끝까지 푼 문제집이에요!'

이 책은 아직 공부 습관이 잡히지 않은 친구들에게도 딱이에요! 지난 5년간 '바빠 교과서 연산'을 경험한 학부모님들의 후기를 보면, '아이가 직접 고른 문제집이에요.', '처음으로 끝까지 다 푼 책이에요!', '연산을 싫어하던 아이가 이 책은 재밌다며 또 풀고 싶대요!' 등 아이들의 공부 습관을 꽉 잡아 준 책이라는 감동적인 서평이 가득합니다.

이 책을 푼 후, 학교에 가면 수학 교과서를 미리 푼 효과로 수업 시간에도, 단원평가에도 자신감이 생길 거예요. 새 교육과정에 맞춘 연산 훈련으로 수학 실력이 '쑤욱' 오르는 기쁨을 만나 보세요!

1단계 필수 개념 정리

수학 교과서 핵심 개념만 쏙쏙 골라 담았어요!

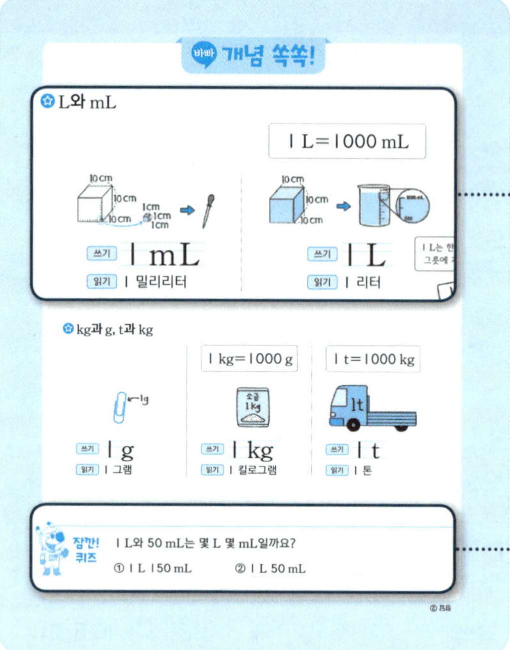

마당마다 꼭 알아야 할
핵심 개념을 확인하고 시작해요.

개념을 바르게 이해했는지
'잠깐! 퀴즈'로 확인할 수 있어요.

2단계 체계적인 연산 훈련

작은 발걸음 방식(small step)으로 차근차근 실력을 쌓아요.

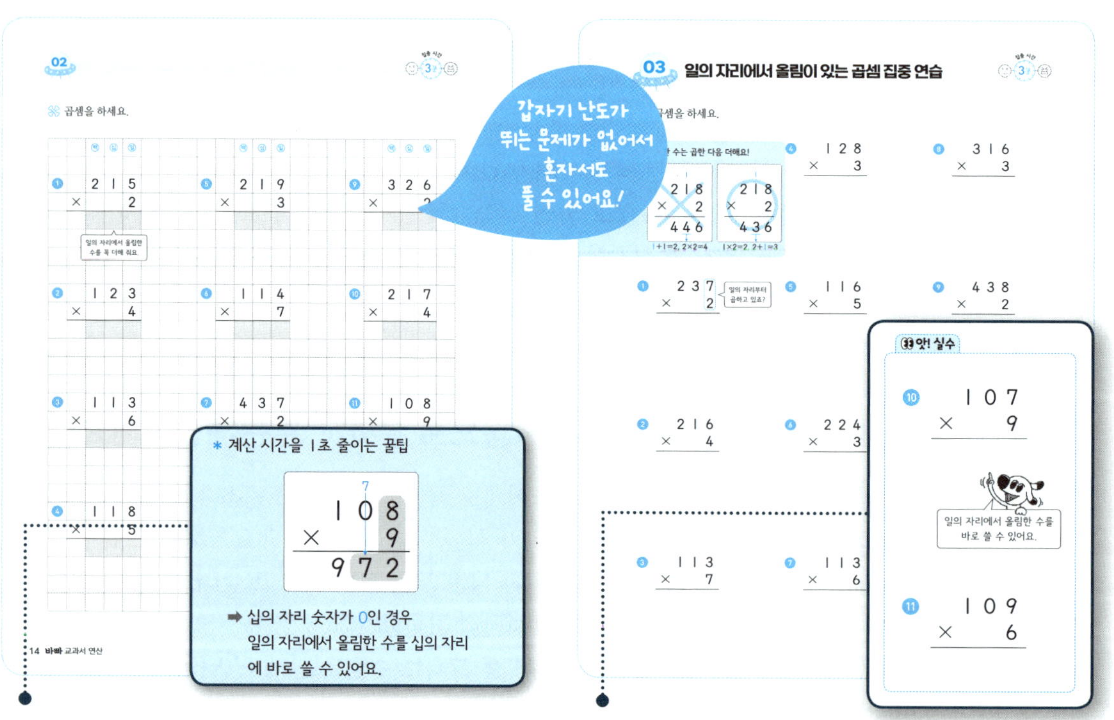

**전국 수학학원 원장님들에게 모아 온
'연산 꿀팁!'**으로 막힘없이 술술~ 풀 수 있어요.

'앗! 실수' 코너로 3학년 친구들이 자주 틀린
문제를 한 번 더 풀고 넘어가요.

기초 문장제와 재미있는 연산 활동으로 수 응용력을 키워요!

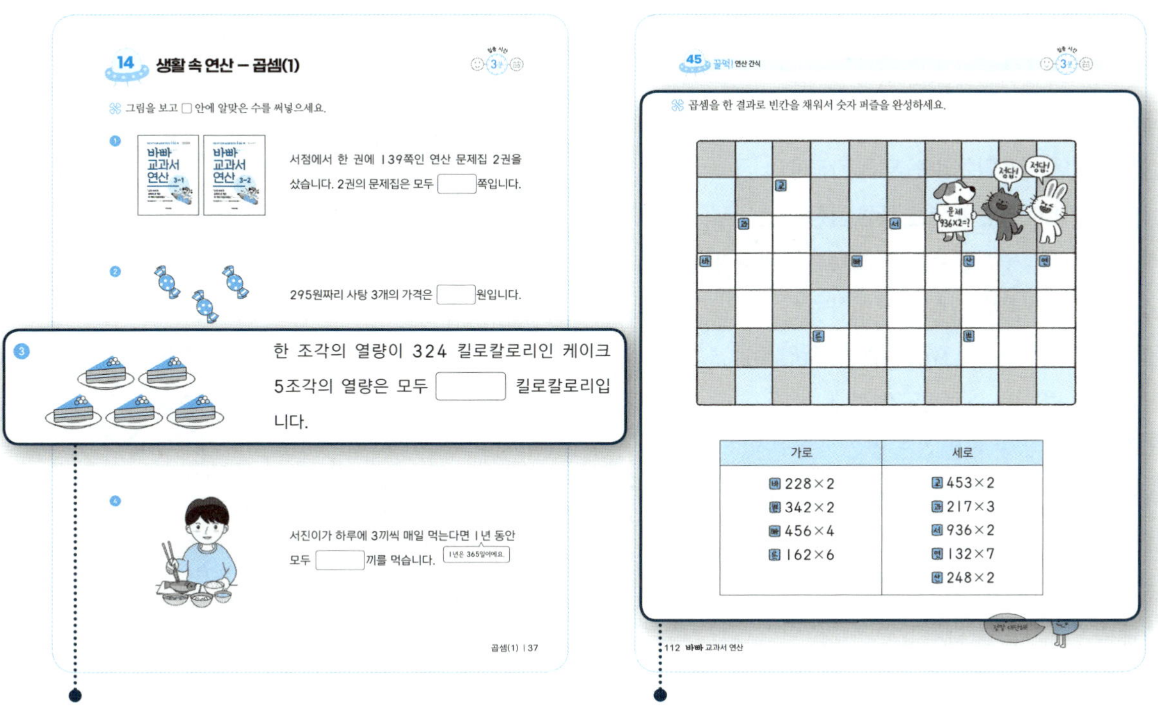

'생활 속 기초 문장제'로 서술형의 기초를 다져요.

그림 그리기, 선 잇기 등 '재미있는 연산 활동' 으로 **수 응용력**과 **사고력**을 키워요.

통과 문제를 풀 수 있다면 이번 마당 연산 공부 끝!

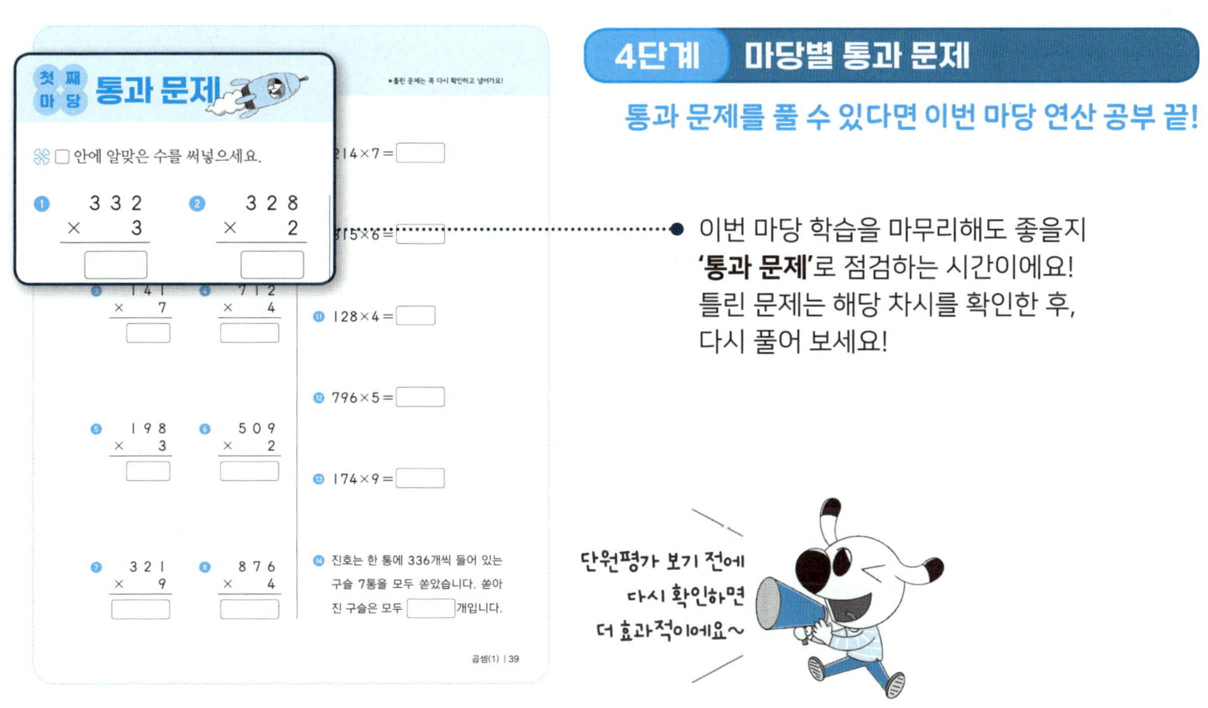

이번 마당 학습을 마무리해도 좋을지 **'통과 문제'**로 점검하는 시간이에요! 틀린 문제는 해당 차시를 확인한 후, 다시 풀어 보세요!

바빠 교과서 연산 3-2

교과서 곱셈

· 올림이 없는
  (세 자리 수)×(한 자리 수) 구하기
· 올림이 한 번 있는
  (세 자리 수)×(한 자리 수) 구하기
· 올림이 여러 번 있는
  (세 자리 수)×(한 자리 수) 구하기

지도 길잡이 1학기 때 배운 (두 자리 수)×(한 자리 수)에 이어 (세 자리 수)×(한 자리 수)를 배웁니다. 올림이 세 번 있는 곱셈까지 나오지만 올림한 수를 윗자리 계산에서 더해 주는 것만 기억하면 쉽게 풀 수 있습니다. 올림한 수를 작게 쓰고 더하는 습관을 길러 주세요.

교과서 곱셈

· (한 자리 수)×(몇십), (두 자리 수)× (몇십) 구하기
· (한 자리 수)×(몇십몇) 구하기
· 올림이 한 번 있는
  (두 자리 수)×(두 자리 수) 구하기
· 올림이 여러 번 있는
  (두 자리 수)×(두 자리 수) 구하기

지도 길잡이 처음으로 곱하는 수가 두 자리 수인 곱셈을 배웁니다. 아이들은 (세 자리 수)×(한 자리 수)보다 (두 자리 수)×(두 자리 수)를 더 어려워합니다. 곱하는 수를 몇십과 몇으로 나누어 계산하는 원리를 먼저 이해하고, 충분한 연습으로 자신감을 키우도록 도와주세요.

교과서 나눗셈

· 내림이 없는 (몇십)÷(몇) 구하기
· 내림이 없는 (몇십몇)÷(몇) 구하기
· 내림이 있는 (몇십)÷(몇) 구하기
· 내림이 있는 (몇십몇)÷(몇) 구하기
· 내림이 없고 나머지가 있는 (몇십몇)÷(몇) 구하기
· 내림이 있고 나머지가 있는 (몇십몇)÷(몇) 구하기
· 계산이 맞는지 확인하기
· (세 자리 수)÷(한 자리 수) 구하기
· 나머지가 있는 (세 자리 수)÷(한 자리 수) 구하기

지도 길잡이 몫이 두 자리 수인 나눗셈을 배웁니다. 십의 자리 계산에서 남은 수는 반드시 일의 자리 수와 함께 한 번 더 나누도록 지도해 주세요. 나머지가 있는 경우 바르게 계산했는지 확인까지 할 수 있어야 합니다.

넷째 마당 분수 104

교과서 분수
· 분수로 나타내기
· 개수에 대한 분수만큼은 얼마인지 나타내기
· 길이와 시간에 대한 분수만큼은 얼마인지 나타내기
· 진분수와 가분수 알아보기
· 대분수 알아보기
· 분모가 같은 분수의 크기 비교하기

지도 길잡이 도넛이나 과자처럼 아이들이 좋아하는 음식을 이용해 어떤 수의 분수만큼이 얼마인지 이해하도록 도와주세요. 그리고 진분수, 가분수, 대분수의 개념도 정확히 알고 넘어가도록 지도해 주세요.

다섯째 마당 들이와 무게 128

교과서 들이와 무게
· 들이 비교하기
· 들이의 단위 알아보기
· 들이의 덧셈과 뺄셈
· 무게 비교하기
· 무게의 단위 알아보기
· 무게의 덧셈과 뺄셈

지도 길잡이 들이와 무게는 우유의 용량이나 몸무게를 잴 때처럼 실생활에서 유용하게 쓰입니다. 생활 주변에서 들이와 무게의 단위를 사용하는 물건들을 찾아보고, 같은 단위끼리 더하고 빼는 연습을 해 보세요.

오늘 공부한
단계를 색칠해
보세요!

곱셈(1)

09
10
11
12
13
14

☆ 올림이 없는 (세 자리 수)×(한 자리 수)

일, 십, 백의 자리 순서로 계산합니다.

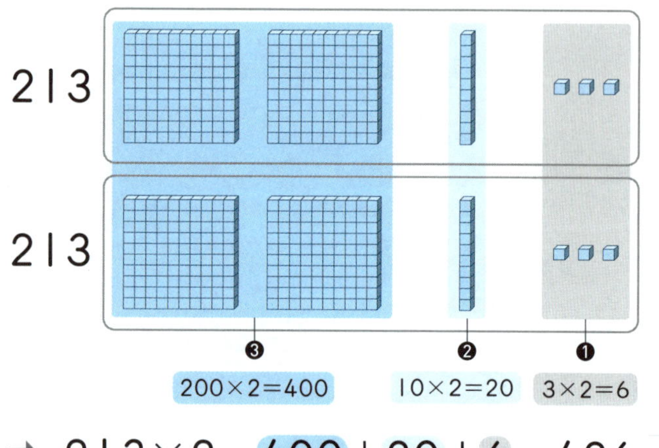

➡ $213 \times 2 = 400 + 20 + 6 = 426$

☆ 올림이 있는 (세 자리 수)×(한 자리 수)

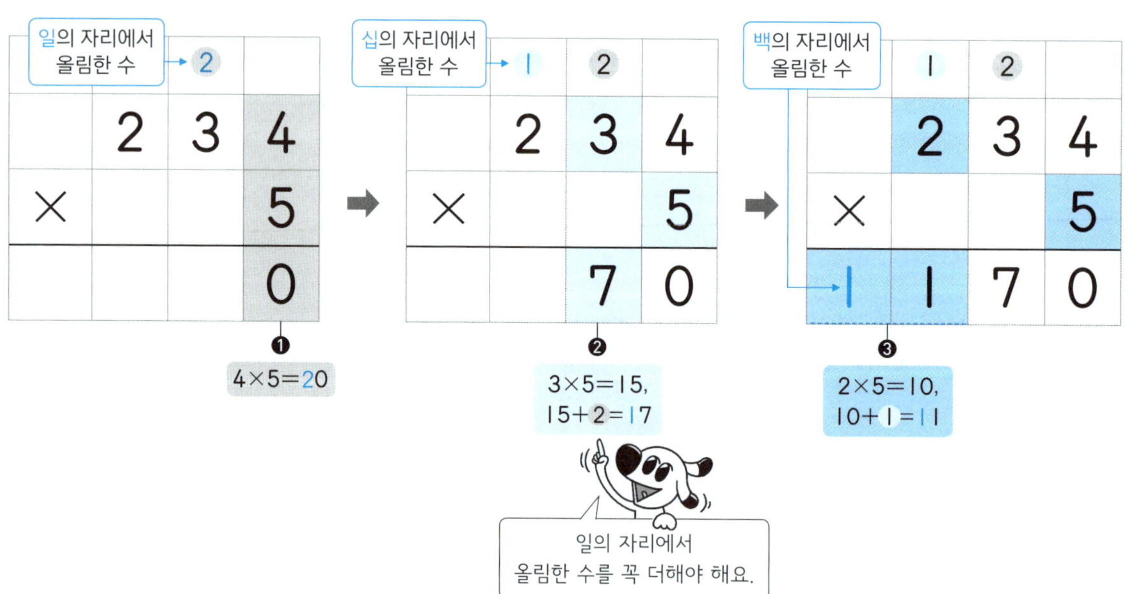

01 올림이 없는 (세 자리 수)×(한 자리 수)는 쉬워

곱셈을 하세요.

* 올림이 없는 (세 자리 수)×(한 자리 수)는 일 → 십 → 백의 자리 순서로 계산하여 각 자리에 내려 써요.

	백	십	일
	1	2	4
×			2
			8

❶ 4×2=8

	백	십	일
	1	2	4
×			2
		4	8

❷ 2×2=4

	백	십	일
	1	2	4
×			2
	2	4	8

❸ 1×2=2

①
	백	십	일
	1	3	1
×			3

②
	백	십	일
	2	1	4
×			2

③
	백	십	일
	2	3	1
×			2

④
	백	십	일
	3	3	1
×			3

⑤
	백	십	일
	2	3	2
×			3

⑥
	백	십	일
	2	0	2
×			4

⑦
	백	십	일
	2	1	0
×			4

⑧
	백	십	일
	3	2	3
×			2

⑨
	백	십	일
	3	2	0
×			3

✂ 곱셈을 하세요.

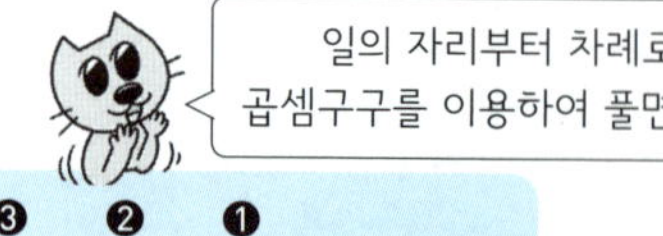

$143 \times 2 = \boxed{2}\,\boxed{8}\,\boxed{6}$

❶ $3 \times 2 = 6$
❷ $4 \times 2 = 8$
❸ $1 \times 2 = 2$

① $212 \times 3 = \boxed{}\,\boxed{}\,\boxed{}$

② $112 \times 4 =$

③ $413 \times 2 =$

④ $312 \times 3 =$

⑤ $120 \times 4 =$

⑥ $133 \times 3 =$

⑦ $234 \times 2 =$

⑧ $221 \times 3 =$

⑨ $401 \times 2 =$

⑩ $233 \times 3 =$

⑪ $444 \times 2 =$

02 일의 자리에서 올림한 수는 십의 자리로!

✳ 곱셈을 하세요.

보기

일의 자리에서 올림한 수: 2

$$\begin{array}{r} 1\ 1\ 8 \\ \times\ 3 \\ \hline 3\ 5\ 4 \end{array}$$

❶ $8\times3=24$
❸ $1\times3=3$
❷ $1\times3=3,\ 3+2=5$

	백	십	일
4	1	2	4
×			4

	백	십	일
8	3	2	7
×			2

	백	십	일
		1	
1	2	1	6
×			2

$1\times2=2$에 일의 자리에서 올림한 수 1을 더해요.

	백	십	일
5	2	2	5
×			3

	백	십	일
9	2	1	9
×			4

2	1	0	3
×			4

6	3	2	8
×			2

10	3	1	8
×			3

3	1	1	4
×			5

7	4	3	6
×			2

11	1	0	6
×			9

일의 자리에서 올림한 수는 십의 자리의 곱에 더하는 것! 잊지 마세요.

백 십 일

✂ 곱셈을 하세요.

	백	십	일

①
$$\begin{array}{r} 2\ 1\ 5 \\ \times\qquad 2 \\ \hline \end{array}$$

②
$$\begin{array}{r} 1\ 2\ 3 \\ \times\qquad 4 \\ \hline \end{array}$$

③
$$\begin{array}{r} 1\ 1\ 3\ 6 \\ \times\qquad 6 \\ \hline \end{array}$$

④
$$\begin{array}{r} 1\ 1\ 8 \\ \times\qquad 5 \\ \hline \end{array}$$

⑤
$$\begin{array}{r} 2\ 1\ 9 \\ \times\qquad 3 \\ \hline \end{array}$$

⑥
$$\begin{array}{r} 1\ 1\ 4 \\ \times\qquad 7 \\ \hline \end{array}$$

⑦
$$\begin{array}{r} 4\ 3\ 7 \\ \times\qquad 2 \\ \hline \end{array}$$

⑧
$$\begin{array}{r} 1\ 1\ 2 \\ \times\qquad 8 \\ \hline \end{array}$$

⑨
$$\begin{array}{r} 3\ 2\ 6 \\ \times\qquad 2 \\ \hline \end{array}$$

⑩
$$\begin{array}{r} 2\ 1\ 7 \\ \times\qquad 4 \\ \hline \end{array}$$

⑪
$$\begin{array}{r} 1\ 0\ 8 \\ \times\qquad 9 \\ \hline \end{array}$$

✱ 계산 시간을 1초 줄이는 꿀팁

$$\begin{array}{r} 1\ 0\ \overset{7}{8} \\ \times\qquad 9 \\ \hline 9\ 7\ 2 \end{array}$$

➡ 십의 자리 숫자가 0인 경우
일의 자리에서 올림한 수를
십의 자리에 바로 쓸 수 있어요.

03 일의 자리에서 올림이 있는 곱셈 집중 연습

✳ 곱셈을 하세요.

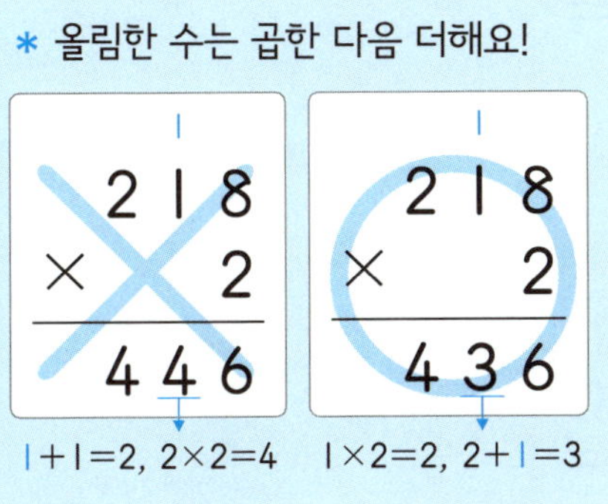

①
$$\begin{array}{r} 2\ 3\ 7 \\ \times\qquad 2 \\ \hline \end{array}$$

②
$$\begin{array}{r} 2\ 1\ 6 \\ \times\qquad 4 \\ \hline \end{array}$$

③
$$\begin{array}{r} 1\ 1\ 3 \\ \times\qquad 7 \\ \hline \end{array}$$

④
$$\begin{array}{r} 1\ 2\ 8 \\ \times\qquad 3 \\ \hline \end{array}$$

⑤
$$\begin{array}{r} 1\ 1\ 6 \\ \times\qquad 5 \\ \hline \end{array}$$

⑥
$$\begin{array}{r} 2\ 2\ 4 \\ \times\qquad 3 \\ \hline \end{array}$$

⑦
$$\begin{array}{r} 1\ 1\ 3 \\ \times\qquad 6 \\ \hline \end{array}$$

⑧
$$\begin{array}{r} 3\ 1\ 6 \\ \times\qquad 3 \\ \hline \end{array}$$

⑨
$$\begin{array}{r} 4\ 3\ 8 \\ \times\qquad 2 \\ \hline \end{array}$$

앗! 실수

⑩
$$\begin{array}{r} 1\ 0\ 7 \\ \times\qquad 9 \\ \hline \end{array}$$

⑪
$$\begin{array}{r} 1\ 0\ 9 \\ \times\qquad 6 \\ \hline \end{array}$$

03

✂️ 곱셈을 하세요.

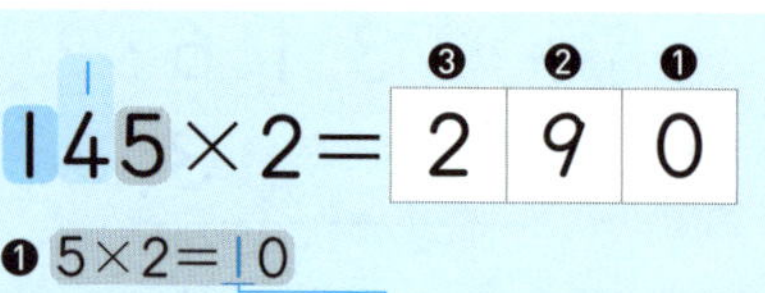

$145 \times 2 = \boxed{2}\ \boxed{9}\ \boxed{0}$

❶ $5 \times 2 = 10$
❷ $4 \times 2 = 8,\ 8 + 1 = 9$
❸ $1 \times 2 = 2$

① $236 \times 2 = \boxed{}\ \boxed{}\ \boxed{2}$

② $218 \times 3 =$

③ $112 \times 7 =$

④ $215 \times 4 =$

⑤ $209 \times 4 =$

⑥ $327 \times 2 =$

⑦ $114 \times 5 =$

⑧ $115 \times 6 =$

⑨ $319 \times 3 =$

⑩ $216 \times 4 =$

⑪ $418 \times 2 =$

집중 시간 3분

04 십의 자리에서 올림한 수는 백의 자리로!

곱셈을 하세요.

십의 자리에서 올림한 수는 백의 자리의 곱에 꼭 더해 줘요.

	백	십	일
	1		
	1	3	2
×			4
	5	2	8

십의 자리에서 올림한 수

❶ 2×4=8

❷ 3×4=12

❸ 1×4=4, 4+1=5

① 121 × 6

② 250 × 3

0×3=0

③ 191 × 4

④ 254 × 2

⑤ 142 × 3

⑥ 161 × 5

⑦ 172 × 4

⑧ 192 × 3

⑨ 384 × 2

⑩ 273 × 3

⑪ 141 × 7

십의 자리에서 올림한 수를 백의 자리 위에 작게 써 두면 실수하지 않아요.

백 십 일

곱셈을 하세요.

	백	십	일
1	1	5	1
×			4

	백	십	일
5	2	3	2
×			4

	백	십	일
9	1	2	1
×			8

2	2	7	3
×			2

6	2	8	1
×			3

10	3	9	4
×			2

3	1	9	1
×			5

7	4	8	1
×			2

11	1	6	2
×			4

4	3	5	2
×			2

8	1	3	0
×			6

12	2	9	1
×			3

십의 자리에서 올림이 있는 곱셈 집중 연습

✂ 곱셈을 하세요.

①
```
  1 3 1
×     5
```

⑤
```
  1 5 2
×     4
```

②
```
  2 3 1
×     4
```

⑥
```
  1 7 1
×     5
```

⑨
```
  2 9 2
×     3
```

③
```
  1 4 3
×     3
```

⑦
```
  2 9 3
×     2
```

앗! 실수

⑩
```
  1 6 1
×     6
```

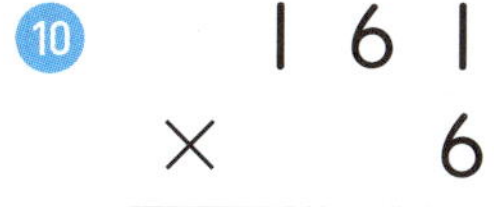

④
```
  1 2 1
×     7
```

⑧
```
  2 8 3
×     3
```

⑪
```
  4 9 4
×     2
```

✂ 곱셈을 하세요.

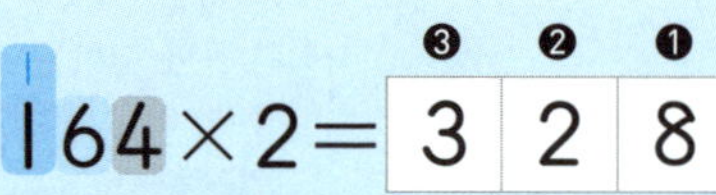

$$164 \times 2 = \boxed{3}\ \boxed{2}\ \boxed{8}$$

❶ $4 \times 2 = 8$
❷ $6 \times 2 = 12$
❸ $1 \times 2 = 2,\ 2 + 1 = 3$

① $182 \times 3 = \boxed{\ }\ \boxed{\ }\ \boxed{6}$

② $170 \times 4 =$

③ $151 \times 5 =$

④ $241 \times 3 =$

⑤ $121 \times 8 =$

⑥ $172 \times 3 =$

⑦ $362 \times 2 =$

⑧ $373 \times 2 =$

⑨ $192 \times 4 =$

⑩ $131 \times 7 =$

⑪ $393 \times 2 =$

 **06 백의 자리에서 올림한 수는 천의 자리에 바로 써**

곱셈을 하세요.

(예시)
```
      5 2 3
   ×     2
  1 0 4 6
```
❶ 3×2=6
❷ 2×2=4
❸ 5×2=10

백의 자리에서 올림한 수는
천의 자리에 바로 써요.

	천	백	십	일			천	백	십	일
④		7	4	3		**⑧**		3	1	0
		×		2				×		6

	천	백	십	일										
①		3	1	2		**⑤**	8	1	2		**⑨**	6	2	2
		×		4			×		3			×		4

②	8	4	1		**⑥**	5	2	1		**⑩**	8	3	2
	×		2			×		4			×		3

③	6	3	2		**⑦**	8	0	1		**⑪**	4	1	1
	×		3			×		5			×		7

✂ 곱셈을 하세요.

① 4 2 1 × 3

⑤ 3 1 1 × 8

② 9 1 3 × 2

⑥ 8 2 2 × 4

⑨ 9 1 0 × 7

③ 5 0 1 × 7

⑦ 7 3 4 × 2

⑩ 6 0 1 × 8

④ 6 1 0 × 9

⑧ 4 1 1 × 6

⑪ 8 1 0 × 9

 **07 올림이 있으면 올림한 수를 꼭 더하자**

✂ 곱셈을 하세요.

① $223 \times 4 =$

② $164 \times 2 =$

③ $512 \times 3 =$

④ $117 \times 4 =$

⑤ $161 \times 5 =$

⑥ $429 \times 2 =$

⑦ $522 \times 4 =$

⑧ $346 \times 2 =$

⑨ $281 \times 3 =$

⑩ $934 \times 2 =$

⑪ $327 \times 3 =$

⑫ $812 \times 4 =$

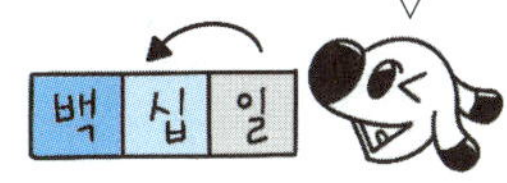

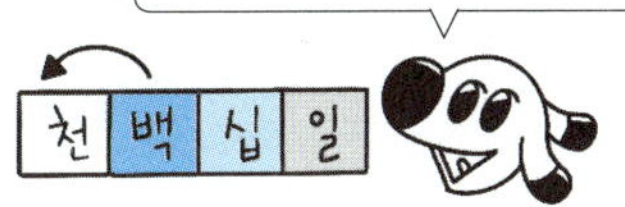

집중 시간 5분

빈칸에 알맞은 수를 써넣으세요.

일의 자리부터 순서대로 곱하면 어렵지 않아요.

1. 102 → ×9 → ☐
2. 241 → ×3 → ☐
3. 621 → ×4 → ☐
4. 428 → ×2 → ☐
5. 163 → ×2 → ☐
6. 520 → ×4 → ☐
7. 113 → ×6 → ☐
8. 293 → ×3 → ☐
9. 722 → ×3 → ☐
10. 217 → ×3 → ☐
11. 141 → ×5 → ☐
12. 701 → ×9 → ☐

 **08 올림이 두 번 있는 (세 자리 수)×(한 자리 수)**

✂ 곱셈을 하세요.

* 올림이 두 번 있는 (세 자리 수)×(한 자리 수) 계산하기

❶ 4×4=16   ❷ 1×4=4, 4+1=5   ❸ 3×4=12

	천	백	십	일

❶
| | 6 | 2 | 5 |
| × | | | 2 |

❷
| | 4 | 1 | 3 |
| × | | | 7 |

❸
| | 5 | 1 | 6 |
| × | | | 6 |

❹
| | 1 | 5 | 7 |
| × | | | 4 |

❺
| | 2 | 4 | 9 |
| × | | | 3 |

❻
| | 1 | 2 | 3 |
| × | | | 8 |

❼
| | 4 | 6 | 1 |
| × | | | 3 |

십의 자리에서 올림한 수를 꼭 더해 줘요.

❽
| | 6 | 5 | 2 |
| × | | | 4 |

❾
| | 5 | 4 | 1 |
| × | | | 7 |

곱셈을 하세요.

	천	백	십	일
①	2	1	6	
×				5

	백	십	일
⑤	1	8	8
×			2

	천	백	십	일
⑨	6	9	1
×				2

	백	십	일
②	4	2	9
×			3

	백	십	일
⑥	2	7	4
×			3

	천	백	십	일
⑩	7	8	3
×				3

	백	십	일
③	8	3	7
×			2

	백	십	일
⑦	2	6	9
×			2

	천	백	십	일
⑪	7	8	4
×				2

	백	십	일
④	7	1	2
×			7

	백	십	일
⑧	2	5	8
×			3

$$\begin{array}{r} 21 \\ 2\,1\,4 \\ \times 5 \\ \hline 1\,0\,7\,0 \end{array}$$

 **09 올림이 두 번 있는 가로셈도 빠르게**

✂ 곱셈을 하세요.

$127 \times 6 = 7\ 6\ 2$

❶ $7 \times 6 = 42$
❷ $2 \times 6 = 12,\ 12 + 4 = 16$
❸ $1 \times 6 = 6,\ 6 + 1 = 7$

① $496 \times 2 =$

② $183 \times 4 =$

③ $148 \times 5 =$

④ $134 \times 7 =$

⑤ $425 \times 3 =$

⑥ $512 \times 8 =$

⑦ $407 \times 9 =$

⑧ $821 \times 6 =$

⑨ $952 \times 4 =$

⑩ $751 \times 6 =$

집중 시간 5분

✂ 곱셈을 하세요.

① $124 \times 6 =$

② $193 \times 5 =$

③ $174 \times 4 =$

④ $541 \times 7 =$

⑤ $816 \times 4 =$

⑥ $614 \times 7 =$

⑦ $623 \times 4 =$

⑧ $915 \times 6 =$

⑨ $831 \times 6 =$

⑩ $971 \times 8 =$

⑪ $651 \times 9 =$

⑫ $561 \times 8 =$

올림이 두 번 있는 곱셈 집중 연습

✂ 곱셈을 하세요.

①
```
  2 4 6
×     3
```

⑤
```
  1 6 2
×     6
```

⑨
```
  1 9 7
×     3
```

②
```
  2 3 7
×     4
```

⑥
```
  8 0 5
×     3
```

⑩
```
  3 3 2
×     4
```

③
```
  6 8 3
×     2
```

⑦
```
  5 6 1
×     7
```

⑪
```
  2 1 4
×     6
```

④
```
  3 1 8
×     5
```

⑧
```
  6 9 1
×     4
```

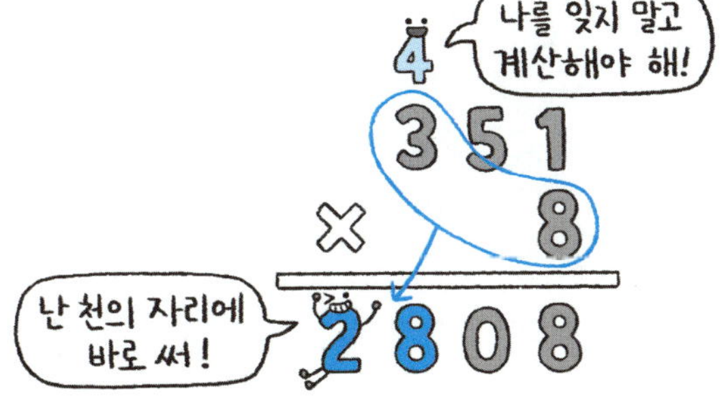

✂ 세로셈으로 나타내고, 곱셈을 하세요.

1 196×2

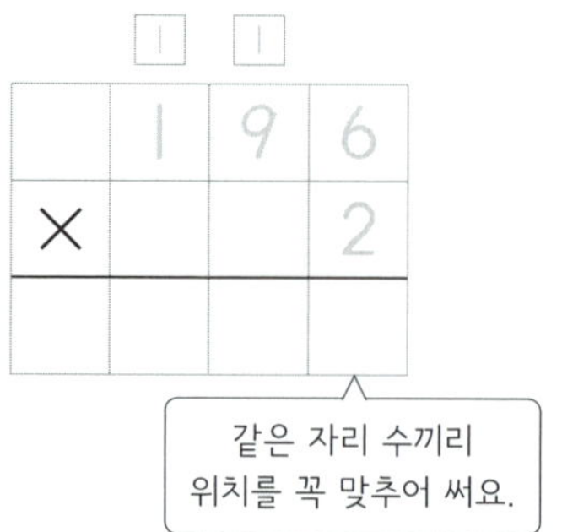

2 289×2

3 245×4

4 128×6

5 215×6

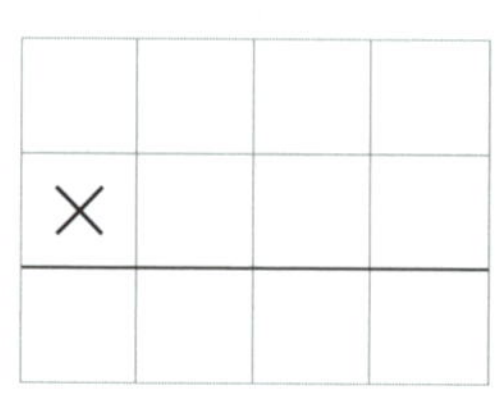

6 613×4

7 513×7

8 814×5

9 752×3

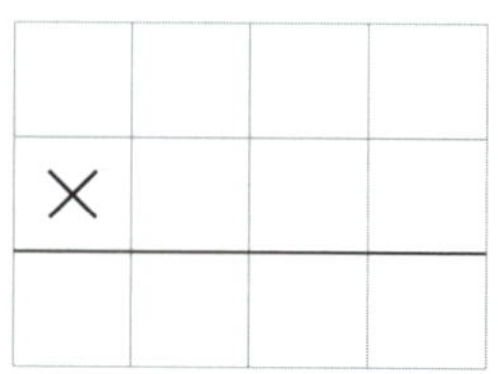

10 441×8

11 861×6

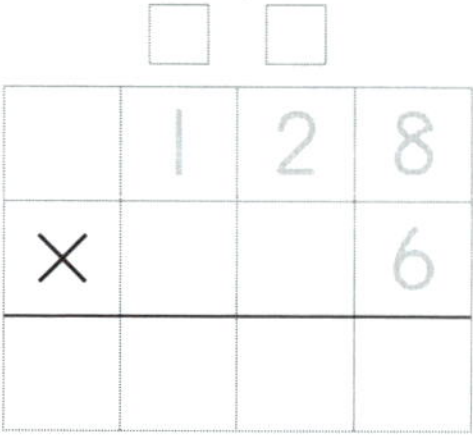
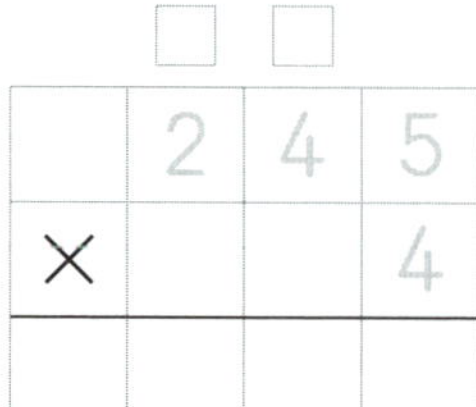
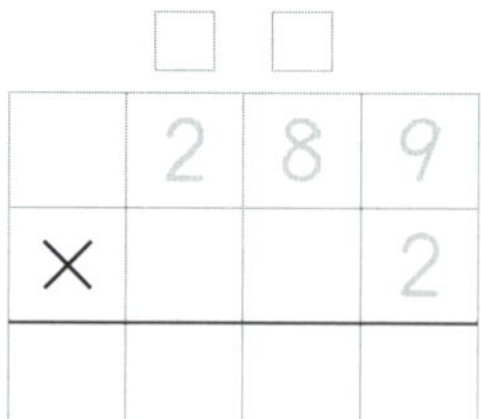

➡ 백의 자리의 곱 9에 올림한 수 1을
더할 때 받아올림이 있으니 주의하세요.

11 올림이 세 번 있는 (세 자리 수)×(한 자리 수)

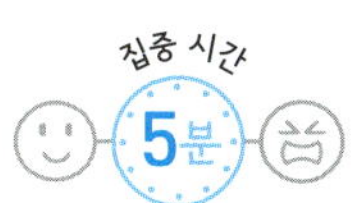

집중 시간 5분

곱셈을 하세요.

* 올림이 세 번 있는 (세 자리 수)×(한 자리 수) 계산하기

		1	
	3	4	5
×			3
			5

❶ 5×3=15

➡

	1	1	
	3	4	5
×			3
		3	5

❷ 4×3=12, 12+1=13

➡

	1	1	
	3	4	5
×			3
1	0	3	5

❸ 3×3=9, 9+1=10

	천	백	십	일
①		6	4	3
	×			9
②		5	4	9
	×			3
③		3	5	3
	×			7

	천	백	십	일
④		4	2	7
	×			5
⑤		6	8	2
	×			7
⑥		9	3	4
	×			4

	천	백	십	일
⑦		5	4	2
	×			8
⑧		7	9	4
	×			6
⑨		2	9	5
	×			4

곱셈을 하세요.

올림이 3번 있으니
주의해서 풀어 봐요.

	천	백	십	일
①		2	3	5
	×			7

	천	백	십	일
⑤		3	7	6
	×			5

	천	백	십	일
⑨		5	7	2
	×			6

	천	백	십	일
②		3	2	4
	×			6

	천	백	십	일
⑥		3	5	2
	×			8

앗! 실수

	천	백	십	일
⑩		4	2	3
	×			9

	천	백	십	일
③		5	3	8
	×			4

	천	백	십	일
⑦		4	5	3
	×			4

	천	백	십	일
⑪		7	3	9
	×			6

	천	백	십	일
④		4	4	2
	×			9

	천	백	십	일
⑧		9	3	4
	×			8

	천	백	십	일
⑫		2	4	8
	×			9

받아올림이 2번 있으니
실수하지 않도록 조심해요!

12 올림이 세 번 있는 곱셈은 어려우니 한 번 더!

✂ 곱셈을 하세요.

①
$$\begin{array}{r} 648 \\ \times \quad 3 \\ \hline \end{array}$$

⑤
$$\begin{array}{r} 256 \\ \times \quad 7 \\ \hline \end{array}$$

⑨
$$\begin{array}{r} 678 \\ \times \quad 7 \\ \hline \end{array}$$

②
$$\begin{array}{r} 325 \\ \times \quad 6 \\ \hline \end{array}$$

⑥
$$\begin{array}{r} 384 \\ \times \quad 3 \\ \hline \end{array}$$

⑩
$$\begin{array}{r} 236 \\ \times \quad 9 \\ \hline \end{array}$$

③
$$\begin{array}{r} 957 \\ \times \quad 2 \\ \hline \end{array}$$

⑦
$$\begin{array}{r} 498 \\ \times \quad 4 \\ \hline \end{array}$$

⑪
$$\begin{array}{r} 777 \\ \times \quad 8 \\ \hline \end{array}$$

④
$$\begin{array}{r} 333 \\ \times \quad 9 \\ \hline \end{array}$$

⑧
$$\begin{array}{r} 274 \\ \times \quad 8 \\ \hline \end{array}$$

12

[illegible] 곱셈을 하세요.

> 올림이 세 번 있는 곱셈은 실수하기 쉬워요.
> 세로셈으로 바꾸어 차근차근 풀어 보세요.

1 $457 \times 3 =$

2 $236 \times 5 =$

3 $683 \times 4 =$

4 $529 \times 6 =$

5 $354 \times 3 =$

6 $865 \times 2 =$

7 $675 \times 6 =$

8 $344 \times 7 =$

9 $427 \times 9 =$

10 $967 \times 8 =$

11 $759 \times 9 =$

12 $264 \times 4 =$

 **13** ## 올림이 여러 번 있는 곱셈 집중 연습

✂ 세로셈으로 나타내고, 곱셈을 하세요.

① 152×6

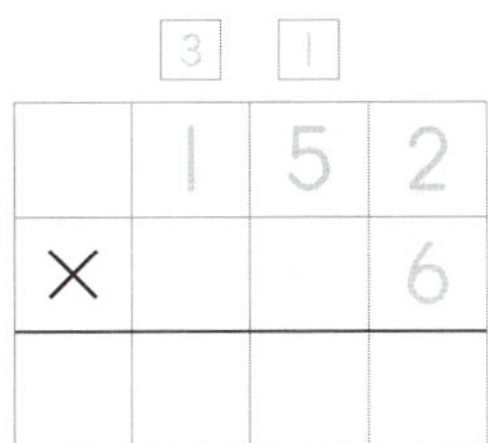

② 312×5

⑤ 286×3

⑨ 134×8

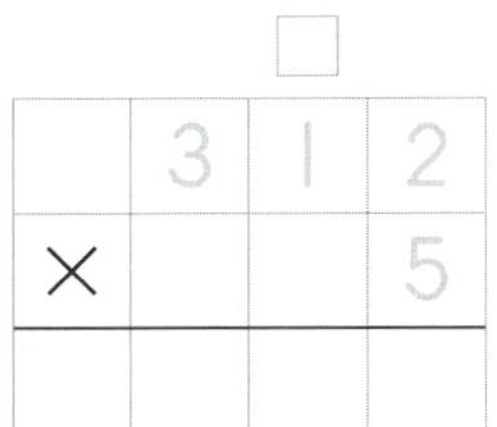

⑥ 543×4

⑩ 207×8

③ 392×4

⑦ 642×3

⑪ 691×6

④ 384×3

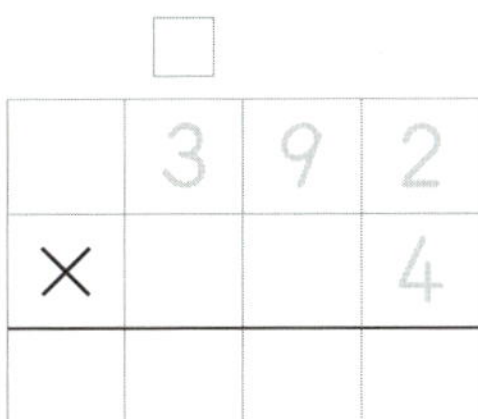

⑧ 458×3

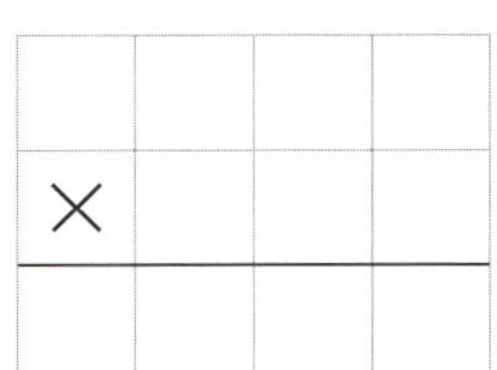

⑫ 437×9

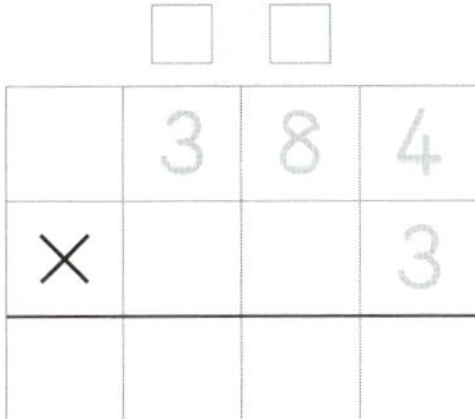

✳ 곱셈을 하세요.

①
$$\begin{array}{r} 285 \\ \times\ \ \ 2 \\ \hline \end{array}$$

②
$$\begin{array}{r} 627 \\ \times\ \ \ 3 \\ \hline \end{array}$$

③
$$\begin{array}{r} 872 \\ \times\ \ \ 3 \\ \hline \end{array}$$

④
$$\begin{array}{r} 384 \\ \times\ \ \ 3 \\ \hline \end{array}$$

⑤
$$\begin{array}{r} 265 \\ \times\ \ \ 2 \\ \hline \end{array}$$

⑥
$$\begin{array}{r} 718 \\ \times\ \ \ 4 \\ \hline \end{array}$$

⑦
$$\begin{array}{r} 961 \\ \times\ \ \ 4 \\ \hline \end{array}$$

⑧
$$\begin{array}{r} 643 \\ \times\ \ \ 8 \\ \hline \end{array}$$

⑨ $527 \times 3 =$

⑩ $146 \times 7 =$

⑪ $236 \times 9 =$

14. 생활 속 연산 – 곱셈(1)

그림을 보고 ☐ 안에 알맞은 수를 써넣으세요.

①   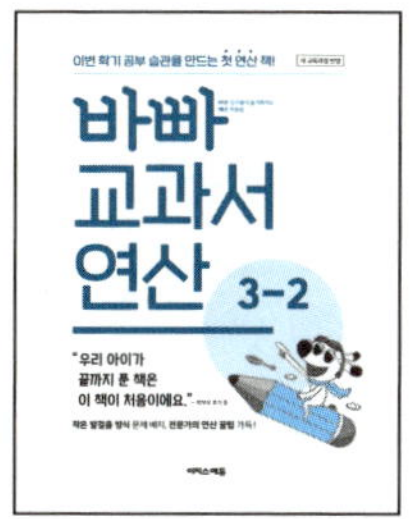

서점에서 한 권에 139쪽인 연산 문제집 2권을 샀습니다. 2권의 문제집은 모두 ☐ 쪽입니다.

②  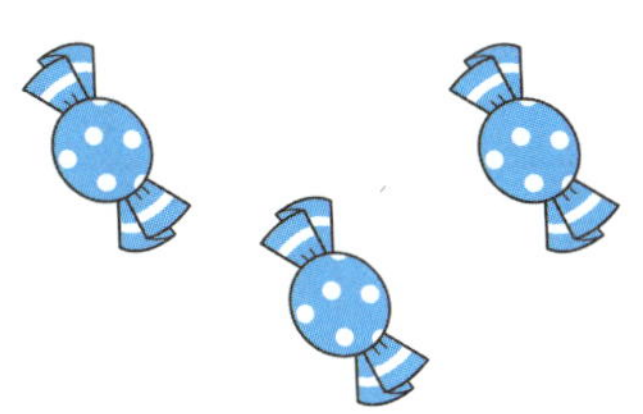

295원짜리 사탕 3개의 가격은 ☐ 원입니다.

③  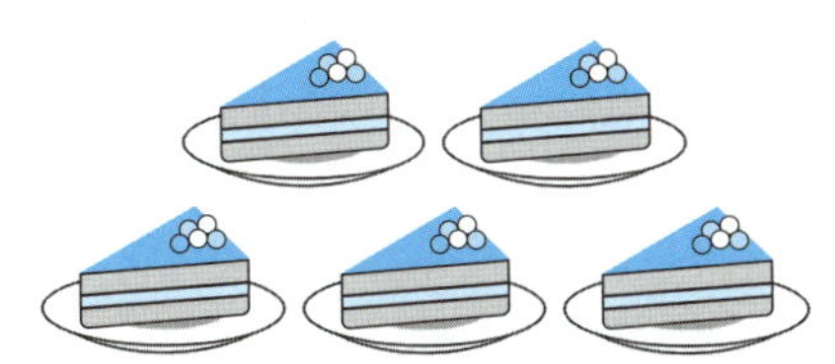

한 조각의 열량이 324 킬로칼로리인 케이크 5조각의 열량은 모두 ☐ 킬로칼로리입니다.

④ 

서진이가 하루에 3끼씩 매일 먹는다면 1년 동안 모두 ☐ 끼를 먹습니다.

✿ 곱셈을 한 결과로 빈칸을 채워서 숫자 퍼즐을 완성하세요.

가로	세로
바 228×2	교 453×2
뻔 342×2	과 217×3
빠 456×4	서 936×2
른 162×6	연 132×7
	산 248×2

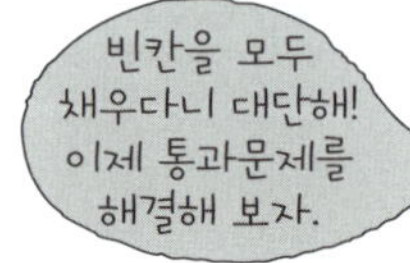

✂ ☐ 안에 알맞은 수를 써넣으세요.

①
$$\begin{array}{r} 332 \\ \times\quad 3 \\ \hline \end{array}$$

②
$$\begin{array}{r} 328 \\ \times\quad 2 \\ \hline \end{array}$$

③
$$\begin{array}{r} 141 \\ \times\quad 7 \\ \hline \end{array}$$

④
$$\begin{array}{r} 712 \\ \times\quad 4 \\ \hline \end{array}$$

⑤
$$\begin{array}{r} 198 \\ \times\quad 3 \\ \hline \end{array}$$

⑥
$$\begin{array}{r} 509 \\ \times\quad 2 \\ \hline \end{array}$$

⑦
$$\begin{array}{r} 321 \\ \times\quad 9 \\ \hline \end{array}$$

⑧
$$\begin{array}{r} 876 \\ \times\quad 4 \\ \hline \end{array}$$

⑨ $214 \times 7 = \boxed{}$

⑩ $315 \times 6 = \boxed{}$

⑪ $128 \times 4 = \boxed{}$

⑫ $796 \times 5 = \boxed{}$

⑬ $174 \times 9 = \boxed{}$

⑭ 진호는 한 통에 336개씩 들어 있는 구슬 7통을 모두 쏟았습니다. 쏟아진 구슬은 모두 $\boxed{}$ 개입니다.

오늘 공부한
단계를 색칠해
보세요!

곱셈(2)

☆ (몇십몇)×(몇십)

(몇십몇)×(몇)을 계산한 후 10배합니다.

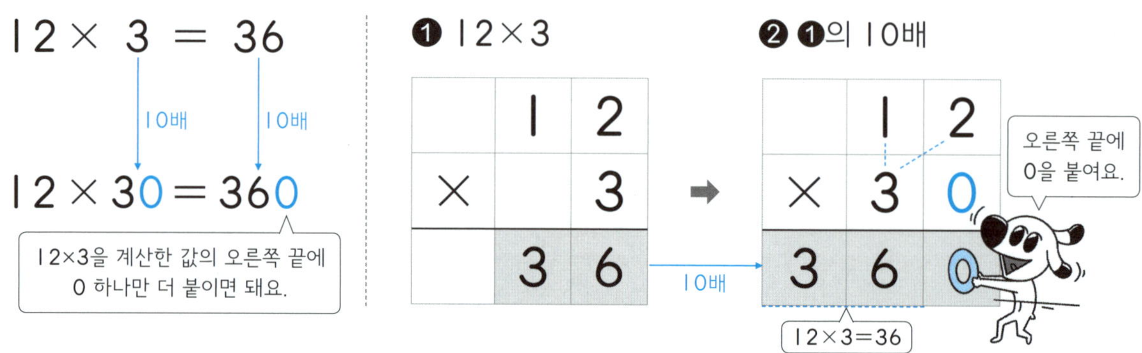

☆ (몇십몇)×(몇십몇)

(몇십몇)×(몇)과 (몇십몇)×(몇십)을 각각 계산한 후 더합니다.

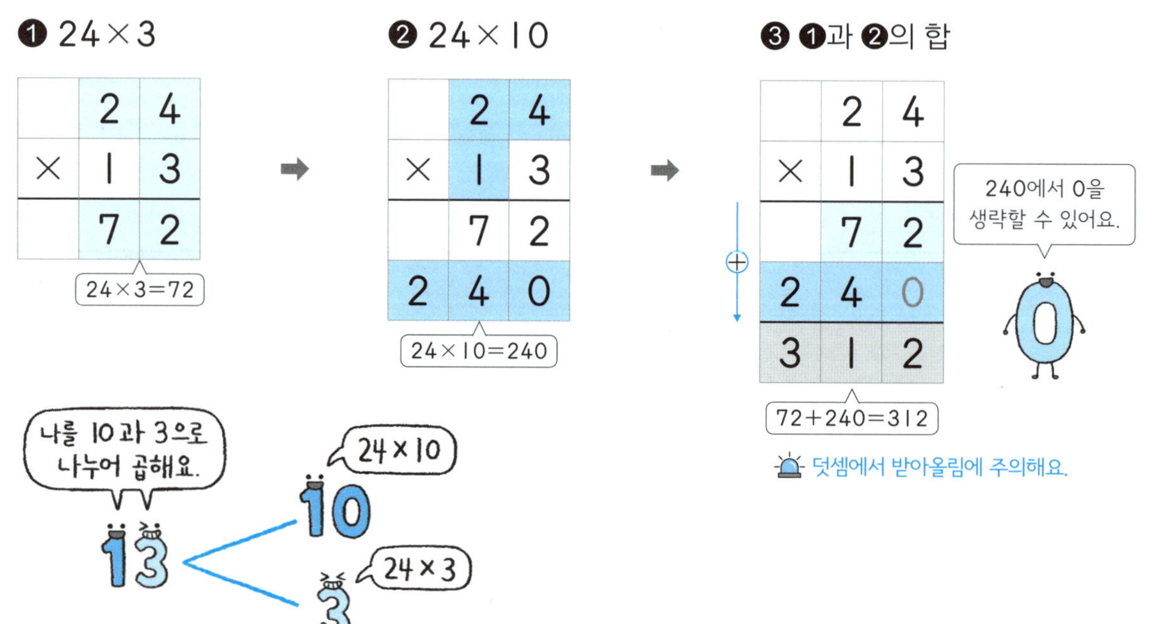

15 곱하는 두 수의 0의 개수의 합 만큼 0을 붙여!

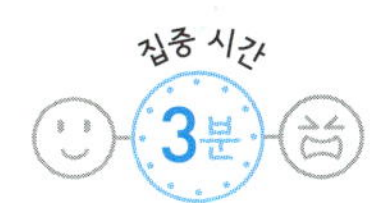

집중 시간 3분

곱셈을 하세요.

	3	0
×	3	0
9	0	0

30 … 1개, 30 … 1개, ⊕ → 900 … 2개 (3×3)

	1	2
×	4	0
4	8	0

(12×4) 먼저 0부터 쓰고 계산해 봐요.

➡ 곱하는 두 수의 0의 개수의 합만큼 0을 붙이면 쉬워요.

천 백 십 일

1. 40×20

4×2의 값에 0을 2개 붙여요.

2. 70×50

(7×5)

3. 30×90

4. 34×20

34×2의 값에 0을 1개 붙여요.

5. 13×30

4×8=32에서 올림한 수 3을 작게 쓰면서 계산해요!

6. 14×80

1×8=8, 8+3=11

7. 39×50

8. 72×60

9. 24×90

10. 48×70

15

✂ 곱셈을 하세요.

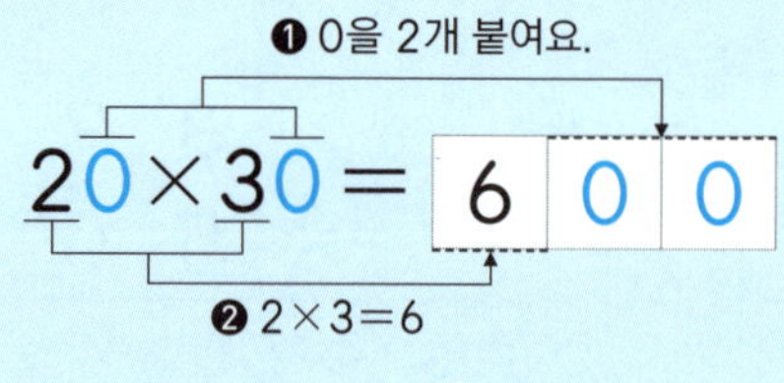

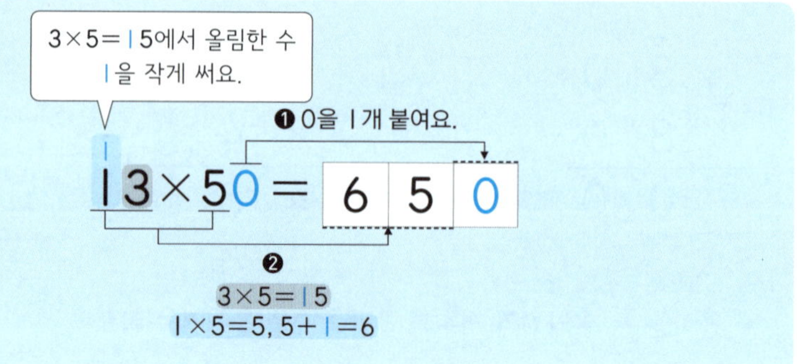

1 $20 \times 20 = $ [ ] 0 0

2 $30 \times 60 = $

3 $50 \times 80 = $

4 $70 \times 90 = $

5 $32 \times 30 = $

6 $12 \times 40 = $

7 $57 \times 30 = $

8 $74 \times 40 = $

앗! 실수

9 $38 \times 50 = $ [ ] [ ] 0 [ ]

10 $65 \times 60 = $

16 몇십몇은 몇십과 몇으로 나누어 곱하자

✂ 곱셈을 하세요.

* (몇)×(몇십몇)

```
        5
  ×  2  3
  ─────────
     1  5   ← 5×3
+ 1  0  0   ← 5×20
  ─────────
  1  1  5
```

3
```
백  십  일
        3
  ×  6  2
```


6
```
백  십  일
        5
  ×  2  7
```

1
```
백  십  일
        6
  ×  1  5
             ← 6×5
+            ← 6×10
```

4
```
        2
  ×  8  9
```

7
```
        9
  ×  3  6
```

2
```
        4
  ×  2  8
```

5
```
        7
  ×  5  6
```

8
```
        8
  ×  6  4
```

곱셈을 하세요.

백	십	일

① 일의 자리에서 올림한 수

①
| | 3 | |
| × | 1 | 6 |

②
| | 2 | |
| × | 4 | 9 |

③
| | 2 | |
| × | 2 | 7 |

④
| | 3 | |
| × | 8 | 3 |

⑤
| | 2 | |
| × | 6 | 5 |

⑥
| | 3 | |
| × | 7 | 9 |

⑦
| | 4 | |
| × | 9 | 6 |

⑧
| | 7 | |
| × | 6 | 4 |

⑨
| | 9 | |
| × | 2 | 2 |

앗! 실수

⑩
| | 7 | |
| × | 7 | 5 |

⑪
| | 6 | |
| × | 8 | 9 |

	5	
		6
×	8	9
5	3	4

=

	5	
	8	9
×		6
5	3	4

17 (몇)×(몇십몇)을 가로셈으로 빠르게

✂ 곱셈을 하세요.

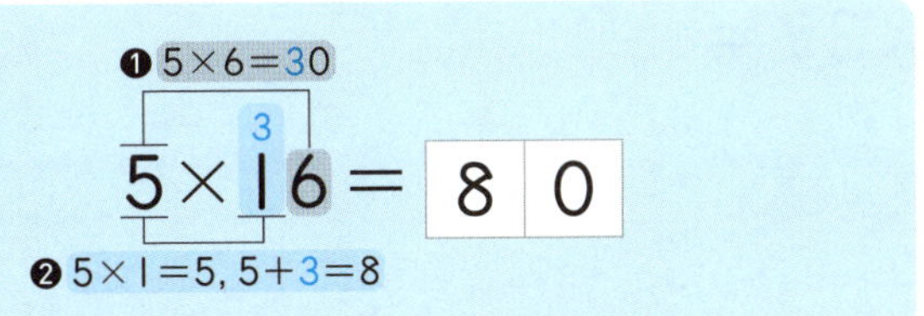

① 4×12 =

② 2×43 =

③ 4×15 =

④ 2×46 =

⑤ 7×12 =

⑥ 4×32 =

⑦ 2×64 =

⑧ 7×84 =

⑨ 8×14 =

⑩ 3×39 =

⑪ 9×34 =

❄ 곱셈을 하세요.

1 $2 \times 24 =$

2 $3 \times 18 =$

3 $8 \times 12 =$

4 $7 \times 91 =$

5 $2 \times 63 =$

6 $3 \times 72 =$

7 $5 \times 26 =$

8 $4 \times 39 =$

9 $6 \times 23 =$

10 $7 \times 28 =$

11 $4 \times 27 =$

12 $8 \times 15 =$

* 가로셈에서도 몇십과 몇으로 나누어 계산해요.

$$7 \times 94$$

➡ $7 \times 94 = 7 \times 90 + 7 \times 4$
$= 630 + 28$
$= 658$

올림이 있으면 올림한 수를 꼭 쓰면서 풀자

✂️ 곱셈을 하세요.

❶ 13×4

```
      1 3
  ×   2 4
      5 2   ← 13×4
```
🚨 곱에 올림이 있어요.

❷ 13×20

```
      1 3
  ×   2 4
      5 2
  2   6 0   ← 13×20
```

❸ ❶과 ❷의 합

```
      1 3
  ×   2 4
      5 2
+ 2   6 0
  3 1 2
```


🚨 덧셈에서 받아올림이 있어요.

	백	십	일
❶		1	7
	×	1	5

	백	십	일
❸		2	4
	×	2	3

	백	십	일
❺		3	1
	×	2	7

	백	십	일
❷		1	2
	×	1	8

	백	십	일
❹		2	1
	×	3	9

	백	십	일
❻		5	1
	×	1	6

곱셈을 하세요.

	백	십	일
1	1	6	
×		2	1

	천	백	십	일
4		1	2	
×			7	3

	천	백	십	일
7		4	1	
×			8	1

		백	십	일
2		1	4	
×			3	2

	천	백	십	일
5		5	3	
×			3	1

	천	백	십	일
8		3	1	
×			7	2

		백	십	일
3		2	3	
×			4	1

		백	십	일
6		2	1	
×			9	4

	천	백	십	일
9		6	2	
×			4	1

19 올림이 한 번 있는 두 자리 수의 곱셈 한 번 더!

✂ 곱셈을 하세요.

①
$$\begin{array}{r} 1\,2 \\ \times\ 1\,7 \\ \hline \end{array}$$

⑤
$$\begin{array}{r} 2\,1 \\ \times\ 1\,8 \\ \hline \end{array}$$

⑨
$$\begin{array}{r} 1\,2 \\ \times\ 8\,3 \\ \hline \end{array}$$

②
$$\begin{array}{r} 1\,3 \\ \times\ 1\,6 \\ \hline \end{array}$$

⑥
$$\begin{array}{r} 3\,1 \\ \times\ 2\,6 \\ \hline \end{array}$$

⑩
$$\begin{array}{r} 4\,5 \\ \times\ 2\,1 \\ \hline \end{array}$$

③
$$\begin{array}{r} 1\,9 \\ \times\ 1\,4 \\ \hline \end{array}$$

⑦
$$\begin{array}{r} 4\,7 \\ \times\ 2\,1 \\ \hline \end{array}$$

⑪
$$\begin{array}{r} 6\,2 \\ \times\ 3\,1 \\ \hline \end{array}$$

④
$$\begin{array}{r} 3\,1 \\ \times\ 2\,5 \\ \hline \end{array}$$

⑧
$$\begin{array}{r} 1\,4 \\ \times\ 7\,1 \\ \hline \end{array}$$

⑫
$$\begin{array}{r} 4\,1 \\ \times\ 7\,2 \\ \hline \end{array}$$

집중 시간 **5분**

✂️ 곱셈을 하세요.

1 $14 \times 14 =$

2 $15 \times 16 =$

3 $27 \times 12 =$

4 $52 \times 13 =$

5 $63 \times 13 =$

6 $24 \times 32 =$

7 $13 \times 72 =$

8 $31 \times 73 =$

9 $82 \times 41 =$

10 $94 \times 12 =$

 **20 올림이 여러 번 있는 두 자리 수의 곱셈**

✂ 곱셈을 하세요.

❶ 18×2 → ❷ 18×30 → ❸ ❶과 ❷의 합

18 × 32 = 36 (18×2)
곱에 올림이 있어요.

18 × 32 = 36, 540 (18×30)
곱에 올림이 있어요.

18 × 32 = 36, 540, 576

1
13 × 56 (13×6) (13×50)

2
27 × 23

3
72 × 34

4
82 × 43

5
21 × 68

6
53 × 32

곱셈을 하세요.

	천	백	십	일
①			3	6
		×	2	4

36×4
36×20

	천	백	십	일
②			2	3
		×	4	6

	천	백	십	일
③			3	5
		×	3	8

	천	백	십	일
④			2	4
		×	8	3

	천	백	십	일
⑤			5	2
		×	6	3

	천	백	십	일
⑥			3	7
		×	5	3

	천	백	십	일
⑦			4	9
		×	7	2

앗! 실수

	천	백	십	일
⑧			6	8
		×	5	7

	천	백	십	일
⑨			8	5
		×	4	6

21 올림이 여러 번 있는 두 자리 수의 곱셈 한 번 더!

❈ 곱셈을 하세요.

	천	백	십	일
❶		1	8	
	×	5	4	

	천	백	십	일
❹		3	7	
	×	2	8	

	천	백	십	일
❼		3	2	
	×	8	5	

	❷		1	4	
		×	3	9	

❺		2	6	
	×	4	5	

❽		6	4	
	×	7	3	

❸		4	5	
	×	2	6	

❻		7	3	
	×	3	6	

❾		5	6	
	×	7	3	

✗ 세로셈으로 나타내고, 곱셈을 하세요.

① 18×23

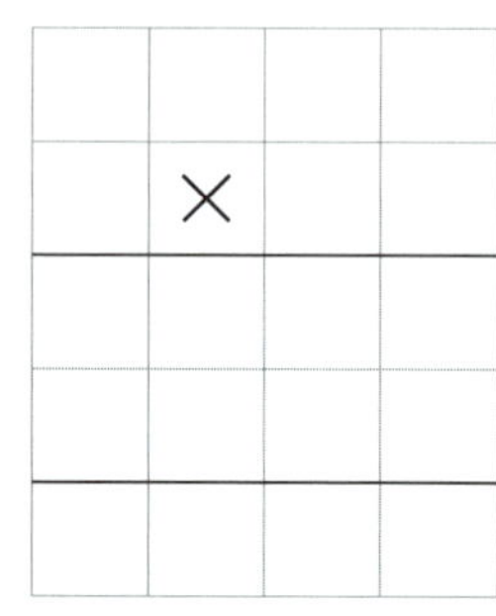

④ 62×54

⑦ 43×45

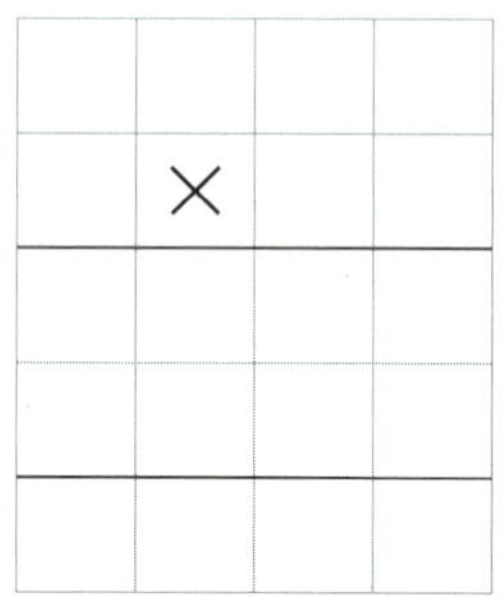

② 36×27

⑤ 23×64

⑧ 76×42

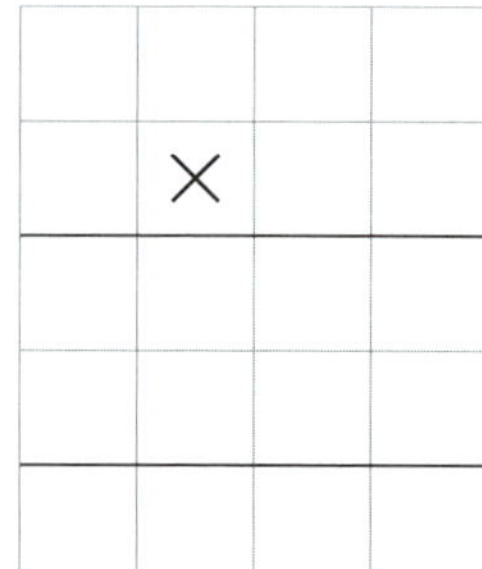

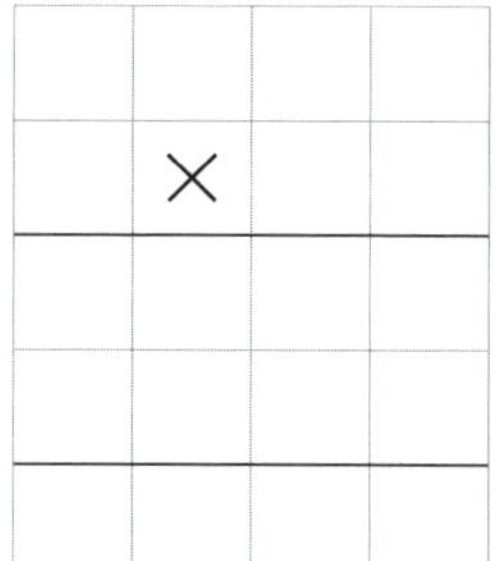

③ 48×32

⑥ 39×52

⑨ 84×37

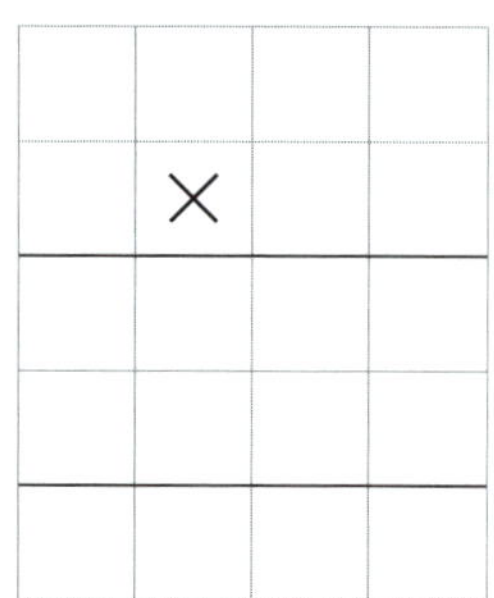

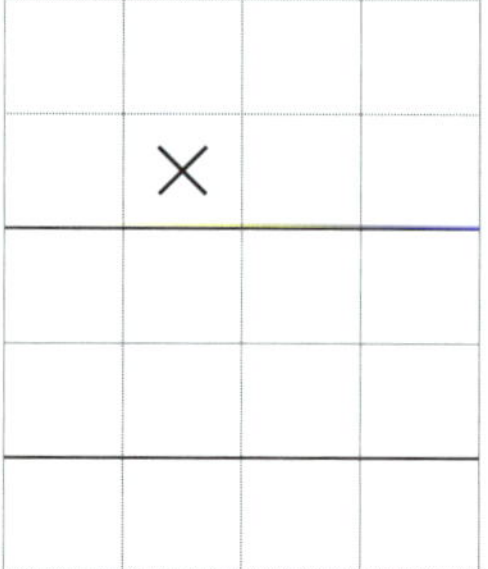

22 올림이 여러 번 있는 가로셈은 세로셈으로 풀자

❖ 곱셈을 하세요.

① 16 × 42 =

② 28 × 23 =

③ 41 × 47 =

④ 35 × 27 =

⑤ 64 × 32 =

⑥ 72 × 48 =

⑦ 34 × 43 =

⑧ 29 × 94 =

⑨ 56 × 45 =

⑩ 38 × 74 =

✂ 곱셈을 하세요.

①
$$\begin{array}{r} 5\ 1 \\ \times\ 3\ 6 \\ \hline \end{array}$$

②
$$\begin{array}{r} 2\ 5 \\ \times\ 2\ 8 \\ \hline \end{array}$$

③
$$\begin{array}{r} 1\ 6 \\ \times\ 9\ 4 \\ \hline \end{array}$$

④
$$\begin{array}{r} 4\ 8 \\ \times\ 2\ 3 \\ \hline \end{array}$$

⑤
$$\begin{array}{r} 5\ 6 \\ \times\ 2\ 8 \\ \hline \end{array}$$

⑥
$$\begin{array}{r} 3\ 7 \\ \times\ 4\ 5 \\ \hline \end{array}$$

⑦
$$\begin{array}{r} 4\ 4 \\ \times\ 4\ 4 \\ \hline \end{array}$$

⑧
$$\begin{array}{r} 6\ 6 \\ \times\ 7\ 7 \\ \hline \end{array}$$

앗! 실수

⑨
$$\begin{array}{r} 3\ 7 \\ \times\ 6\ 9 \\ \hline \end{array}$$

⑩
$$\begin{array}{r} 6\ 7 \\ \times\ 4\ 8 \\ \hline \end{array}$$

⑪
$$\begin{array}{r} 8\ 6 \\ \times\ 6\ 9 \\ \hline \end{array}$$

23 올림이 여러 번 있는 두 자리 수의 곱셈 집중 연습

✂ 곱셈을 하세요.

① $\begin{array}{r} 62 \\ \times\ 43 \\ \hline \end{array}$

② $\begin{array}{r} 16 \\ \times\ 34 \\ \hline \end{array}$

③ $\begin{array}{r} 38 \\ \times\ 52 \\ \hline \end{array}$

④ $\begin{array}{r} 25 \\ \times\ 73 \\ \hline \end{array}$

⑤ $\begin{array}{r} 42 \\ \times\ 93 \\ \hline \end{array}$

⑥ $\begin{array}{r} 58 \\ \times\ 37 \\ \hline \end{array}$

⑦ $\begin{array}{r} 74 \\ \times\ 39 \\ \hline \end{array}$

⑧ $\begin{array}{r} 82 \\ \times\ 75 \\ \hline \end{array}$

앗! 실수

⑨ $\begin{array}{r} 37 \\ \times\ 69 \\ \hline \end{array}$

⑩ $\begin{array}{r} 68 \\ \times\ 97 \\ \hline \end{array}$

⑪ $\begin{array}{r} 89 \\ \times\ 46 \\ \hline \end{array}$

✂ 빈칸에 알맞은 수를 써넣으세요.

1

18	47
26	23

18×26   47×23

2

31	52
74	64

4

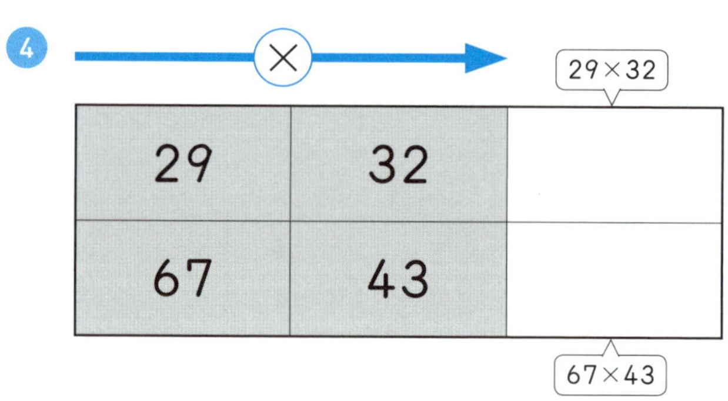

29	32	
67	43	

3

53	96
75	48

5

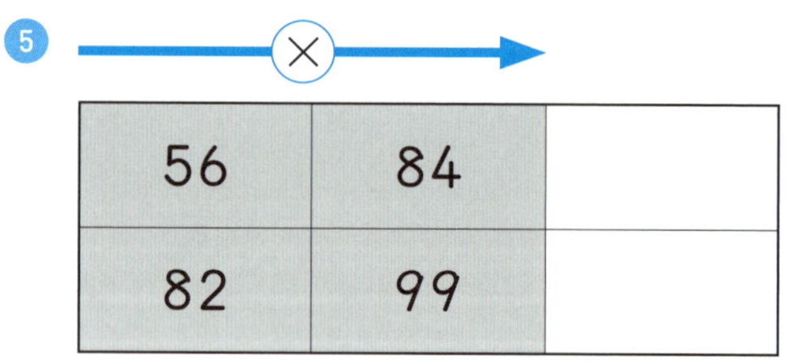

56	84	
82	99	

24 생활 속 연산 – 곱셈(2)

✂ 그림을 보고 ☐ 안에 알맞은 수를 써넣으세요.

1

알뜰 시장에서 한 통에 24개씩 들어 있는 머리끈을 팔고 있습니다. 머리끈 50통에 들어 있는 머리끈은 모두 ☐ 개입니다.

2

주연이는 '별주부전' 책을 도서관에서 빌렸습니다. 하루에 8쪽씩 매일 읽는다면 2주 동안에는 모두 ☐ 쪽을 읽을 수 있습니다.

3

준서는 매일 65번씩 줄넘기를 하였습니다. 준서가 3월 한 달 동안 줄넘기를 한 횟수는 모두 ☐ 번입니다.

4

연수는 매일 15분씩 17일 동안 달렸고, 슬기는 매일 20분씩 13일 동안 달렸습니다. 두 사람 중 ☐ 가 ☐ 분 더 오래 달렸습니다.

곱셈 나라의 택배 상자에는 집 주소의 호수가 곱셈식으로 표시되어 있습니다. 택배 상자와 배달해야 할 집을 선으로 이으세요.

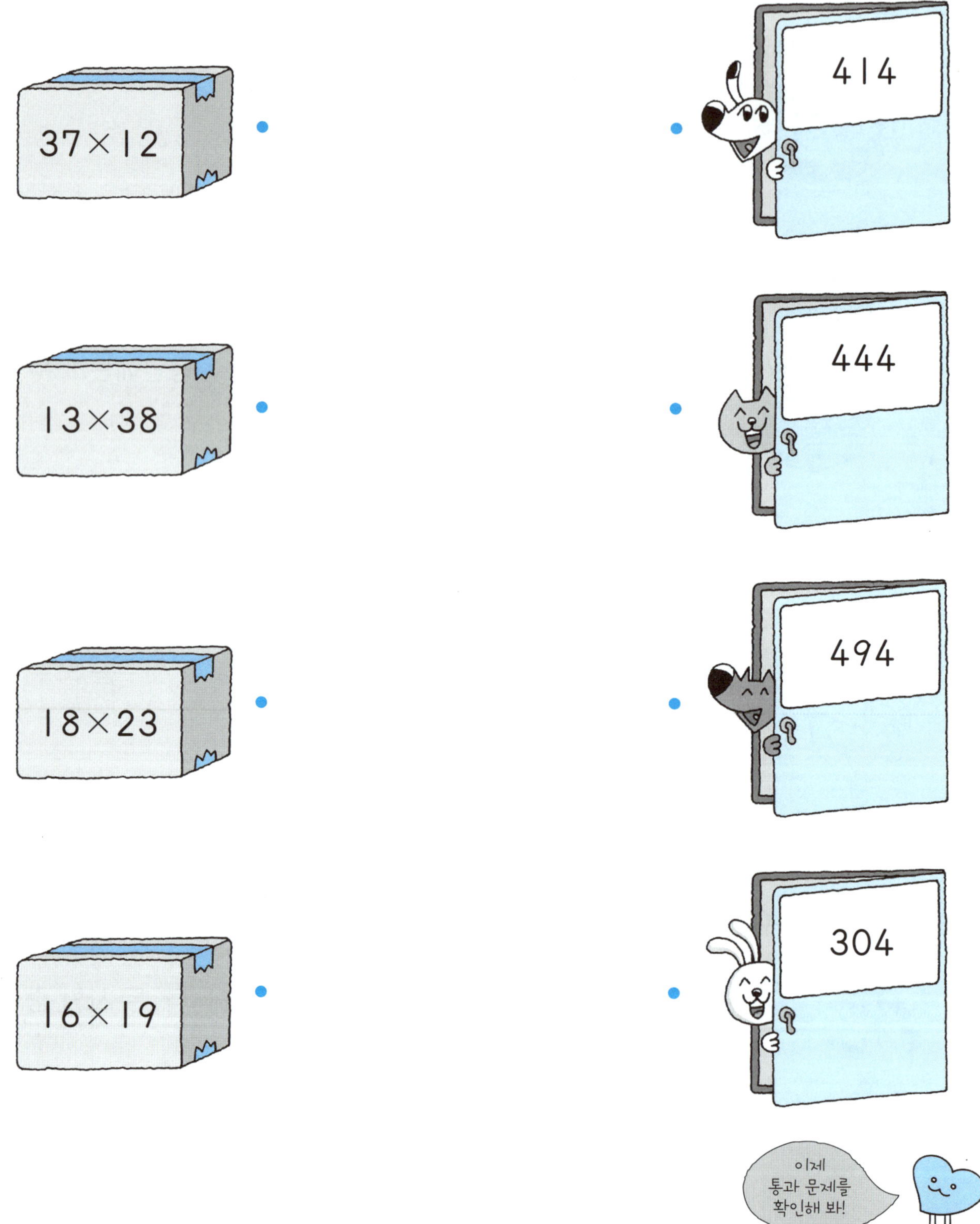

□ 안에 알맞은 수를 써넣으세요.

1
$$\begin{array}{r} 3\,0 \\ \times\,8\,0 \\ \hline \end{array}$$

2
$$\begin{array}{r} 6\,4 \\ \times\,4\,0 \\ \hline \end{array}$$

9 $30 \times 20 =$ □

10 $18 \times 50 =$ □

3
$$\begin{array}{r} 3 \\ \times\,1\,8 \\ \hline \end{array}$$

4
$$\begin{array}{r} 7 \\ \times\,2\,6 \\ \hline \end{array}$$

11 $8 \times 41 =$ □

12 $14 \times 16 =$ □

5
$$\begin{array}{r} 2\,3 \\ \times\,2\,4 \\ \hline \end{array}$$

6
$$\begin{array}{r} 1\,4 \\ \times\,5\,6 \\ \hline \end{array}$$

13 $25 \times 34 =$ □

14 $35 \times 74 =$ □

7
$$\begin{array}{r} 5\,1 \\ \times\,3\,2 \\ \hline \end{array}$$

8
$$\begin{array}{r} 6\,2 \\ \times\,4\,5 \\ \hline \end{array}$$

15 한 상자에 26개씩 들어 있는 초콜릿이 45상자 있습니다. 초콜릿은 모두 □개입니다.

나눗셈

☆ (몇십)÷(몇)

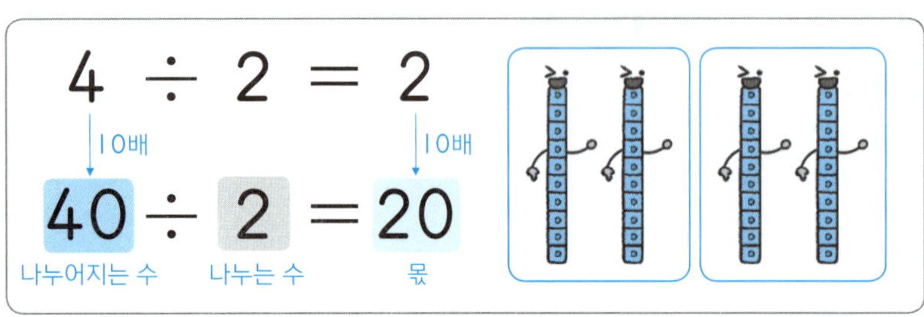

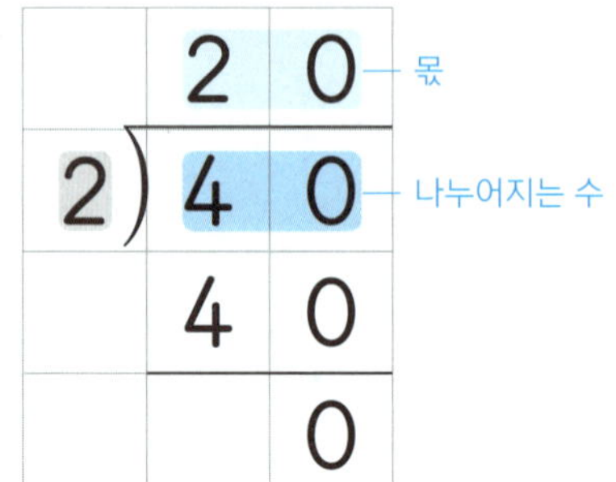

☆ (몇십몇)÷(몇)

십의 자리, 일의 자리 순서로 나눕니다.

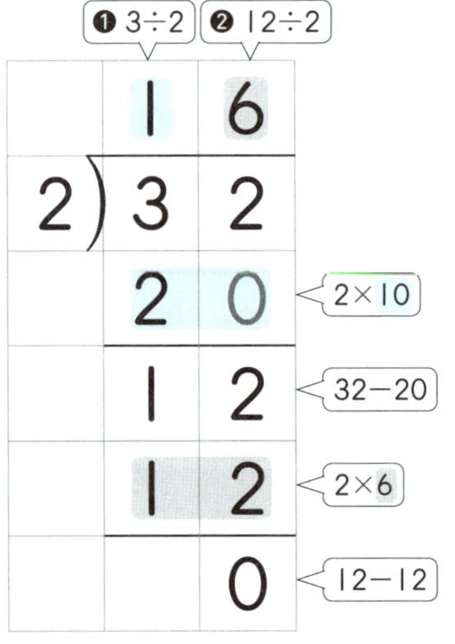

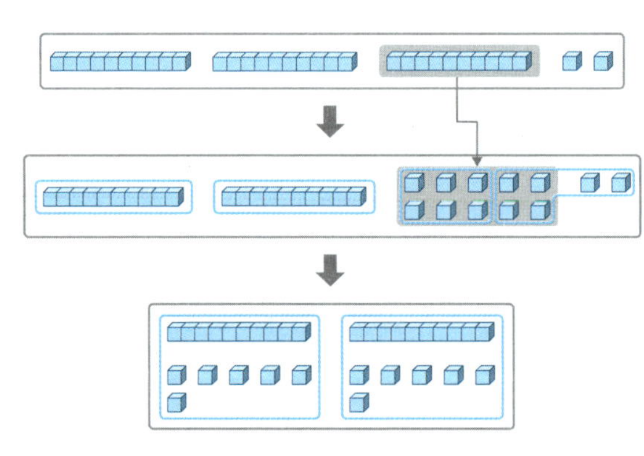

25 (몇십)÷(몇)으로 묶어 두 자리 수인 나눗셈 시작!

✂ 나눗셈을 하세요.

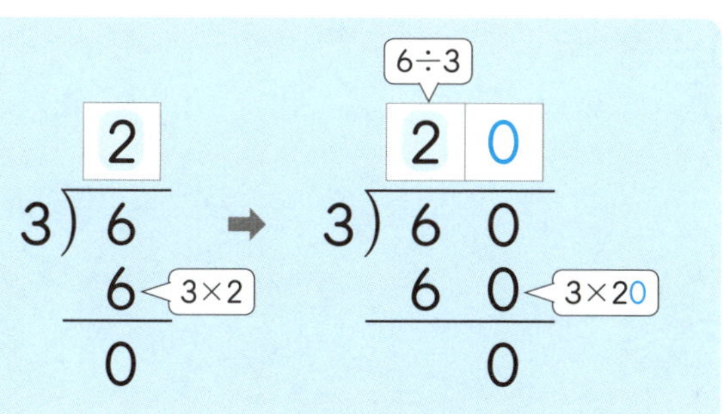

5

$$2 \overline{)60}$$

1

$$4 \overline{)40}$$

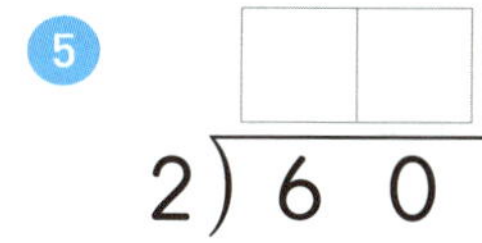

6

$$3 \overline{)30}$$

2

$$4 \overline{)80}$$

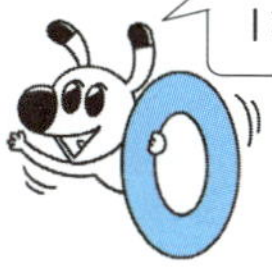

7

$$2 \overline{)40}$$

3

$$5 \overline{)50}$$

8

$$2 \overline{)80}$$

4

$$3 \overline{)90}$$

9

$$9 \overline{)90}$$

※ 나눗셈을 하세요.

❶ 일의 자리에 0을 써요.

60÷3＝ 2 | 0

❷ 6÷3=2

① 40÷2＝ □□

⑥ 30÷3＝

② 70÷7＝

⑦ 20÷2＝

③ 60÷2＝

⑧ 40÷4＝

④ 50÷5＝

⑨ 90÷3＝

⑤ 80÷2＝

⑩ 80÷4＝

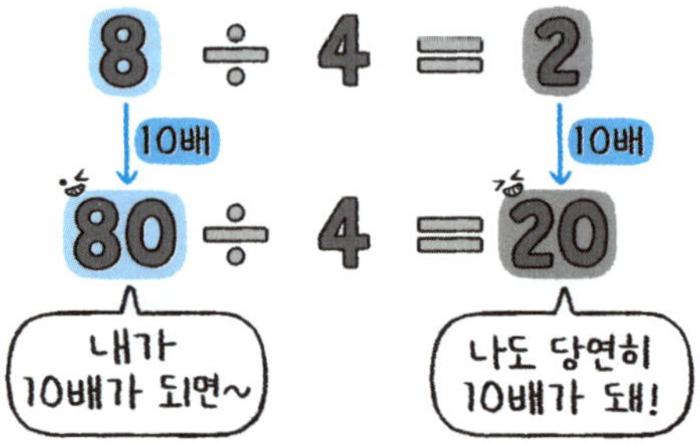

26 십의 자리부터 순서대로 나누자

❀ 나눗셈을 하세요.

* 내림이 없는 (몇십몇)÷(몇) 계산하기

❶ 2÷2

❷ 4÷2

5

십 일

2) 2 8

1

십 일

2) 4 6

3

십 일

5) 5 5

6

3) 6 9

2

3) 3 9

4

2) 6 8

7

4) 8 4

✻ 나눗셈을 하세요.

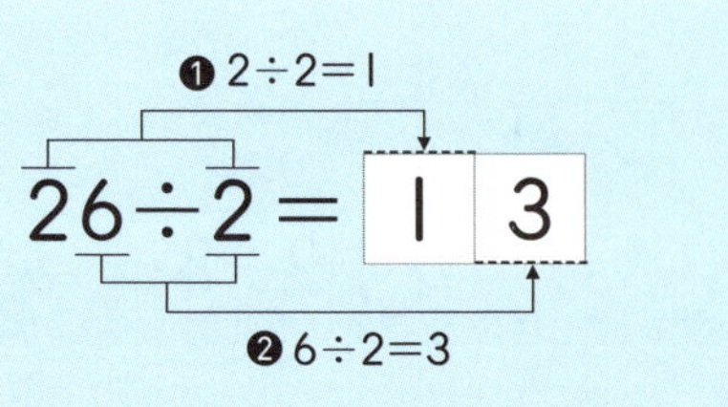

$$26 \div 2 = \boxed{1}\,\boxed{3}$$

① $2 \div 2 = 1$
② $6 \div 2 = 3$

1 $\quad 36 \div 3 = $

2 $\quad 46 \div 2 = $

3 $\quad 66 \div 6 = $

4 $\quad 48 \div 4 = $

5 $\quad 77 \div 7 = $

6 $\quad 69 \div 3 = $

7 $\quad 88 \div 4 = $

8 $\quad 64 \div 2 = $

9 $\quad 93 \div 3 = $

10 $\quad 82 \div 2 = $

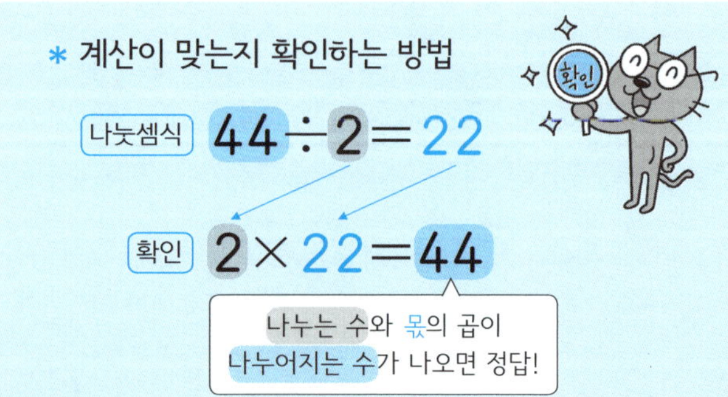

27 십의 자리에서 남은 수는 일의 자리 수와 함께 나누자

❀ 나눗셈을 하세요.

❶ 3÷2

```
      1
  2) 3 0
     2  0  ← 2×10
     1 0   ← 30−20
```

➡

❷ 10÷2

```
      1 5
  2) 3 0
     2  0
     1 0
     1 0   ← 2×5
       0   ← 10−10
```


⑤ (십 · 일)

```
  5) 7 0
```

① (십 · 일)

```
  2) 5 0
```


③ (십 · 일)

```
  3) 7 5
```

⑥

```
  2) 7 6
```

②

```
  4) 6 0
```

④

```
  6) 7 2
```

⑦

```
  7) 9 1
```

나눗셈을 하세요.

몫이 바로 구해지지 않는 문제는
☆ 표시를 하고 한 번 더 풀어 보세요.

① 십 일
$$2 \overline{)\, 7\ 0}$$

②
$$5 \overline{)\, 7\ 0}$$

③
$$6 \overline{)\, 9\ 0}$$

④ 십 일
$$3 \overline{)\, 4\ 8}$$

⑤
$$4 \overline{)\, 5\ 2}$$

⑥
$$4 \overline{)\, 7\ 2}$$

⑦ 십 일
$$3 \overline{)\, 5\ 4}$$

⑧
$$7 \overline{)\, 8\ 4}$$

⑨
$$6 \overline{)\, 9\ 6}$$

28 내림이 있는 (몇십몇) ÷ (몇) 한 번 더!

나눗셈을 하세요.

① 2) 5 2

② 5) 6 5

③ 3) 7 8

④ 4) 7 6

⑤ 3) 5 1

⑥ 2) 3 8

⑦ 4) 6 4

⑧ 7) 9 1

⑨ 4) 9 2

⑩ 6) 8 4

⑪ 2) 9 4

⑫ 8) 9 6

나눗셈을 하세요.

세로셈으로 바꾸어 풀면 계산이 정확해져요.

1. $36 \div 2 =$

2. $42 \div 3 =$

3. $58 \div 2 =$

4. $56 \div 4 =$

5. $72 \div 3 =$

6. $85 \div 5 =$

7. $74 \div 2 =$

8. $95 \div 5 =$

9. $84 \div 7 =$

10. $96 \div 6 =$

11. $84 \div 3 =$

12. $98 \div 7 =$

29 나머지는 나누는 수보다 항상 작아

나눗셈을 하세요.

* 나머지는 나누는 수보다 항상 작아야 해요.

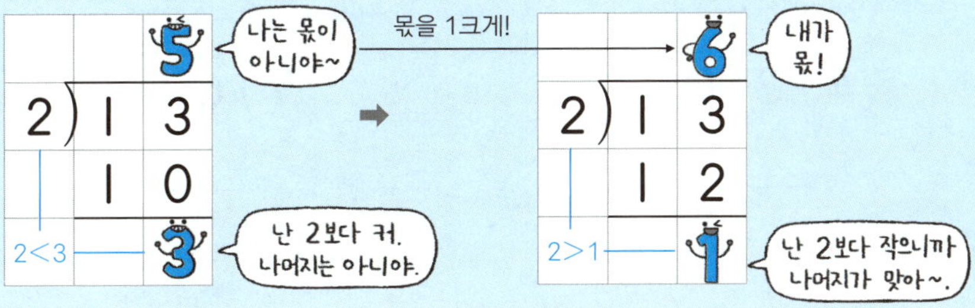

7 (십)(일) 9) 6 9

1 (십)(일) 3) 1 4

2 4) 2 5

3 5) 1 9

4 (십)(일) 3) 2 0

5 7) 3 8

6 8) 3 1

8 (십)(일) 5) 2 7

9 4) 3 4

10 6) 5 3

✂ 나눗셈을 하세요.

	십	일			십	일			십	일

1 3)1 6

5 4)3 0

9 7)6 1

2 2)1 5

6 7)4 1

10 5)2 4

3 5)3 2

7 6)5 0

11 8)5 9

4 6)3 9

8 8)4 6

12 9)7 8

30 몫과 나머지를 구하자

❖ 나눗셈을 하고, 몫과 나머지를 쓰세요.

①

$$2\overline{)17}$$

몫: ______, 나머지: ______

나머지가 나누는 수 2보다 작은지 확인해 봐요.

④

$$5\overline{)28}$$

몫: ______, 나머지: ______

⑦

$$6\overline{)39}$$

몫: ______, 나머지: ______

②

$$3\overline{)23}$$

몫: ______, 나머지: ______

⑤

$$7\overline{)30}$$

몫: ______, 나머지: ______

⑧

$$9\overline{)41}$$

몫: ______, 나머지: ______

③

$$4\overline{)29}$$

몫: ______, 나머지: ______

⑥

$$8\overline{)52}$$

몫: ______, 나머지: ______

⑨

$$7\overline{)61}$$

몫: ______, 나머지: ______

30

$$14 \div 5 = 2 \cdots 4$$
몫　나머지

✂ 나눗셈을 하세요.

① $13 \div 3 = \boxed{} \cdots \boxed{}$
몫　나머지

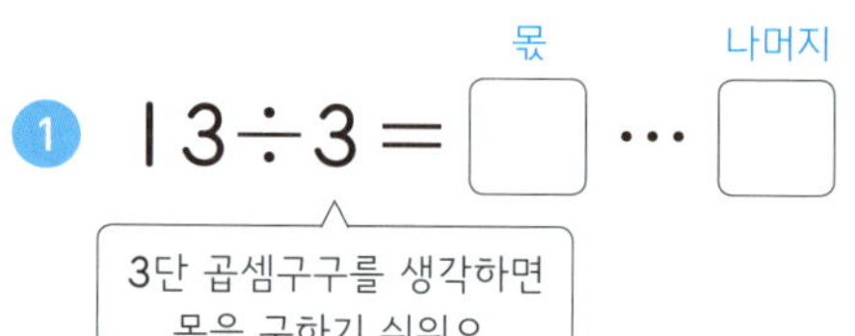

② $18 \div 4 = \boxed{} \cdots \boxed{}$

③ $26 \div 6 = \boxed{} \cdots \boxed{}$

④ $33 \div 5 = \boxed{} \cdots \boxed{}$

⑤ $37 \div 7 = \boxed{} \cdots \boxed{}$

⑥ $40 \div 6 = \boxed{} \cdots \boxed{}$

⑦ $50 \div 7 = \boxed{} \cdots \boxed{}$

⑧ $57 \div 6 = \boxed{} \cdots \boxed{}$

⑨ $62 \div 8 = \boxed{} \cdots \boxed{}$

⑩ $68 \div 9 = \boxed{} \cdots \boxed{}$

⑪ $71 \div 8 = \boxed{} \cdots \boxed{}$

⑫ $68 \div 7 = \boxed{} \cdots \boxed{}$

31 내림이 있고 나머지가 있는 (몇십몇)÷(몇)

집중 시간 3분

나눗셈을 하세요.

* 내림이 있고 나머지가 있는 (몇십몇)÷(몇) 계산하기

❶ 3÷2 ❷ 17÷2

```
      1   8
  2 ) 3   7
      2   0      ← 2×10
      1   7
      1   6      ← 2×8
              1  ← 난 나머지!
```


5 십 일

2) 5 7

1 십 일

3) 7 4

3 십 일

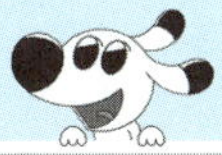

5) 6 7

6

7) 8 8

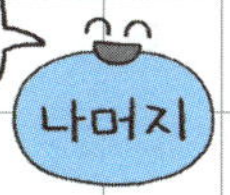

2

4) 6 1

4

6) 7 9

7

8) 9 4

나눗셈을 하세요.

	십	일					십	일					십	일

① $3\,\overline{)4\;6}$ ④ $5\,\overline{)7\;2}$ ⑦ $2\,\overline{)9\;3}$

② $2\,\overline{)5\;9}$ ⑤ $3\,\overline{)8\;2}$ ⑧ $5\,\overline{)8\;6}$

앗! 실수

③ $4\,\overline{)6\;5}$ ⑥ $4\,\overline{)7\;4}$ ⑨ $7\,\overline{)8\;0}$

✺ 나눗셈을 하고, 몫과 나머지를 쓰세요.

① 2)3 5

몫: ______, 나머지: ______

② 3)5 0

몫: ______, 나머지: ______

③ 4)5 3

몫: ______, 나머지: ______

④ 3)7 7

몫: ______, 나머지: ______

⑤ 6)8 2

몫: ______, 나머지: ______

⑥ 5)7 8

몫: ______, 나머지: ______

⑦ 6)9 4

몫: ______, 나머지: ______

⑧ 7)8 9

몫: ______, 나머지: ______

⑨ 8)9 0

몫: ______, 나머지: ______

✿ 나눗셈을 하세요.

1 $41 \div 3 =$ 〔몫〕 … 〔나머지〕

6 $59 \div 4 =$ 〔 〕 … 〔 〕

2 $73 \div 2 =$ 〔 〕 … 〔 〕

7 $81 \div 7 =$ 〔 〕 … 〔 〕

3 $62 \div 4 =$ 〔 〕 … 〔 〕

8 $88 \div 6 =$ 〔 〕 … 〔 〕

4 $84 \div 5 =$ 〔 〕 … 〔 〕

9 $93 \div 8 =$ 〔 〕 … 〔 〕

5 $79 \div 6 =$ 〔 〕 … 〔 〕

10 $90 \div 7 =$ 〔 〕 … 〔 〕

33 내림이 있고 나머지가 있는 (몇십몇)÷(몇) 집중 연습

✽ 나눗셈을 하세요.

1

$3\,)\overline{4\,4}$

2

$2\,)\overline{5\,1}$

3

$4\,)\overline{6\,7}$

4

$3\,)\overline{7\,4}$

5

$5\,)\overline{7\,2}$

6

$4\,)\overline{7\,8}$

7

$7\,)\overline{8\,6}$

8

$4\,)\overline{9\,5}$

앗! 실수

9

$6\,)\overline{8\,0}$

10

$7\,)\overline{9\,4}$

11

$8\,)\overline{9\,8}$

33

빈칸에 나눗셈의 몫을 쓰고, ○ 안에 나머지를 써넣으세요.

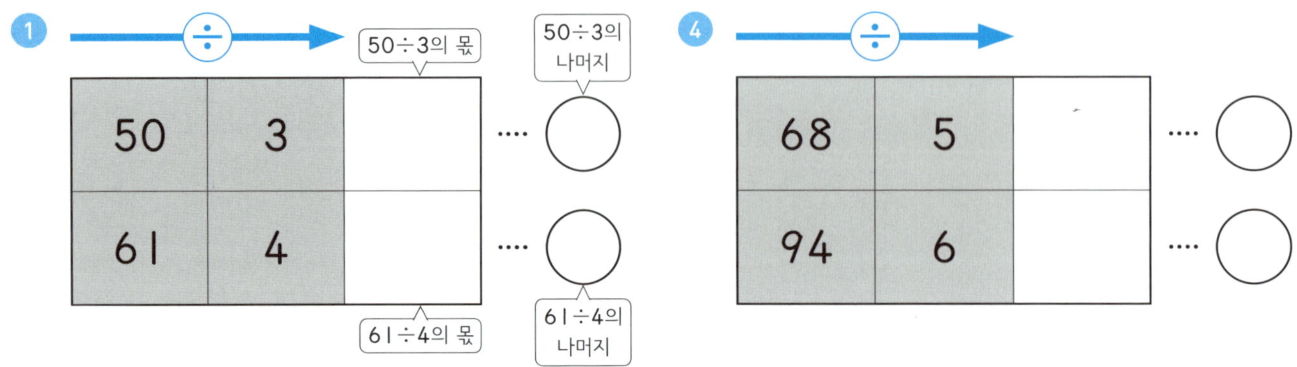

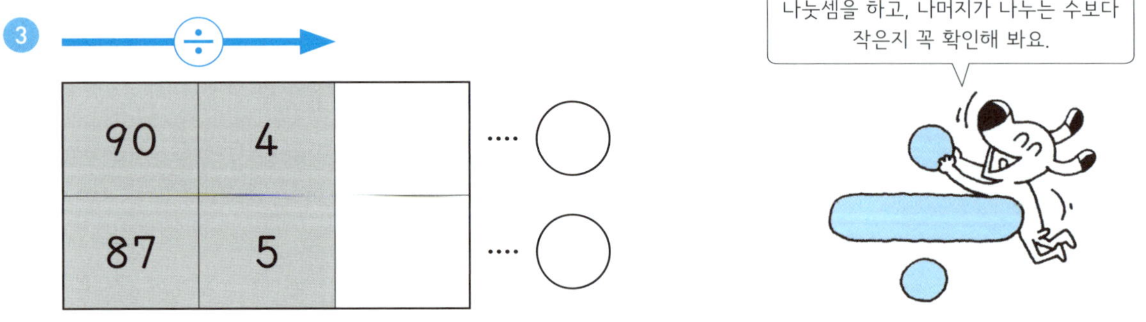

34 나머지가 있는 나눗셈의 계산이 맞는지 확인하기 (1)

나눗셈을 하고, 계산이 맞는지 확인하세요.

1

$2\overline{)13}$

확인 $2\times6=12$,

$12+1=\boxed{13}$

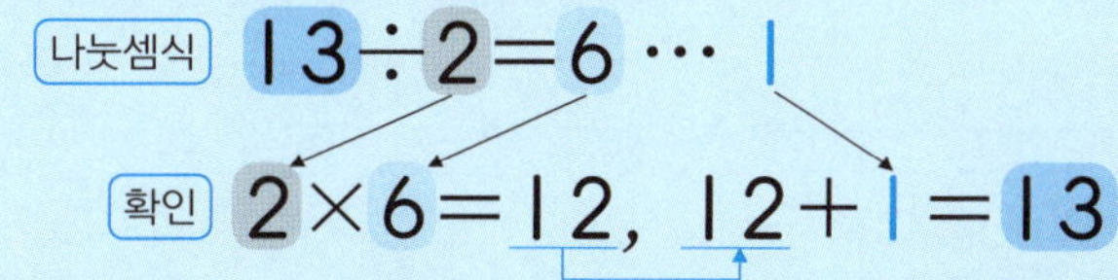

2

$4\overline{)31}$

확인 $4\times\quad=$,

$\quad+\quad=$

4

$3\overline{)34}$

확인 __________ ,

____

6

$5\overline{)83}$

확인 __________ ,

____

3

$5\overline{)38}$

확인 $\quad\times\quad=$,

$\quad+\quad=$

5

$4\overline{)55}$

확인 __________ ,

____

7

$6\overline{)77}$

확인 __________ ,

____

💠 나눗셈을 하고, 계산이 맞는지 확인하세요.

나누는 수와 몫의 곱에
나머지를 더하면 나누어지는 수가 되어야 해요.

1 $17 \div 4 =$ [4] $\cdots$ [1]

몫　나머지

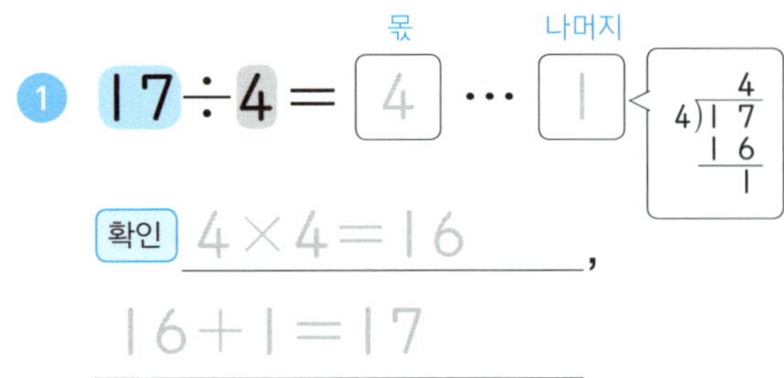

확인 $4 \times 4 = 16$,
$16 + 1 = 17$

5 $37 \div 3 =$ [ ] $\cdots$ [ ]

확인 ____________ ,
____

2 $53 \div 8 =$ [ ] $\cdots$ [ ]

확인 $8 \times = $,
$ + = $

6 $74 \div 4 =$ [ ] $\cdots$ [ ]

확인 ____________ ,
____

3 $32 \div 5 =$ [ ] $\cdots$ [ ]

확인 $ \times = $,
$ + = $

7 $94 \div 9 =$ [ ] $\cdots$ [ ]

확인 ____________ ,
____

4 $68 \div 9 =$ [ ] $\cdots$ [ ]

확인 ____________ ,
____

8 $53 \div 2 =$ [ ] $\cdots$ [ ]

확인 ____________ ,
____

 **35** 백의 자리부터 순서대로 나누자

✂ 나눗셈을 하세요.

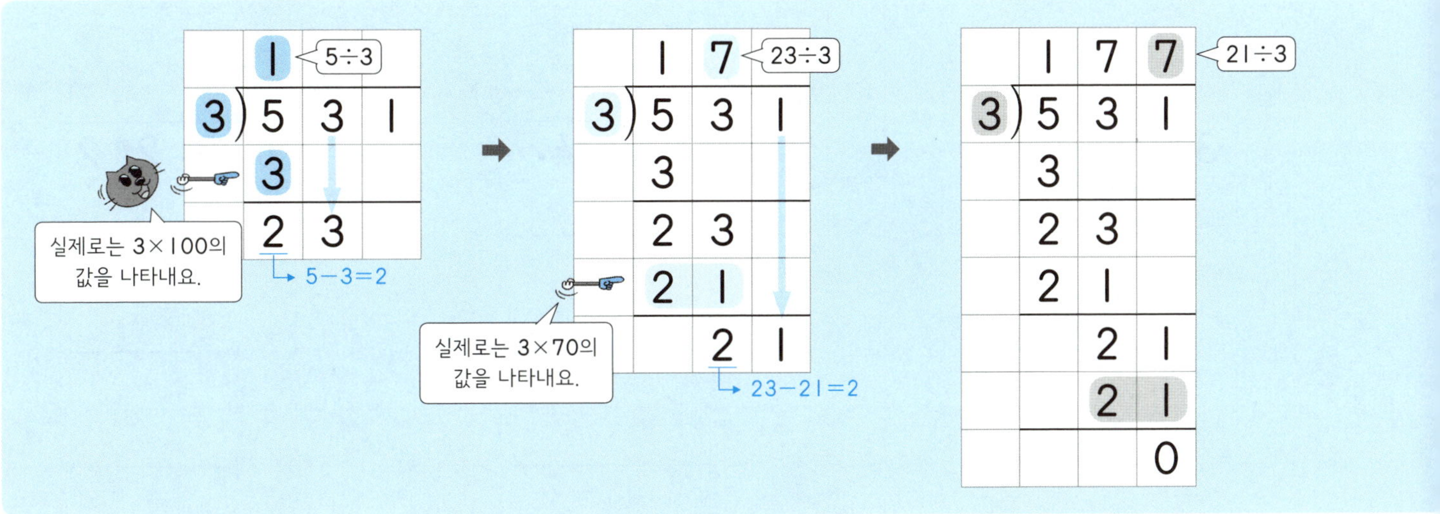

1

3)3 6 9

3
5)6 3 5

5
7)8 5 4

2
2)4 8 2

4
6)7 3 8

6
8)8 9 6

✂ 나눗셈을 하세요.

	백	십	일

1 3)3 7 2

4 4)6 4 4

7 6)8 2 2

2 4)5 9 6

5 5)8 1 0

8 8)9 2 8

3 5)9 2 5

6 7)8 6 8

9 4)9 2 8

36 몫이 두 자리 수인 (세 자리 수)÷(한 자리 수)

❀ 나눗셈을 하세요.

❶ 12÷2 ❷ 6÷2

➡ 백의 자리에서 나누지 못할 때에는 십의 자리에서 함께 나누어요.
몫이 두 자리 수가 돼요.

5

백 십 일

7)644

1

백 십 일

4)224

3

백 십 일

5)135

6

6)282

2

9)387

4

6)432

7

9)585

나눗셈을 하세요.

백의 자리에서 나눌 수 없으면
십의 자리에서 함께 나누어요!

	백	십	일

① 3)204

② 4)176

③ 2)158

④ 5)435

⑤ 6)372

⑥ 7)238

⑦ 7)581

⑧ 8)600

⑨ 9)603

37 (세 자리 수)÷(한 자리 수) 집중 연습

✂ 나눗셈을 하세요.

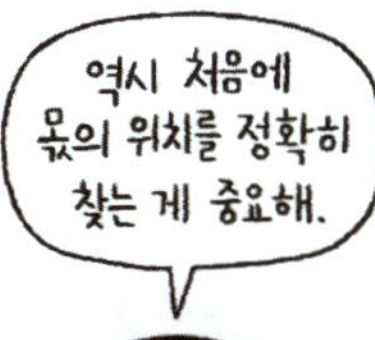

1

$6 \overline{)978}$

2

$4 \overline{)944}$

3

$7 \overline{)805}$

4

$3 \overline{)132}$

5

$5 \overline{)335}$

6

$6 \overline{)234}$

7

$7 \overline{)665}$

8

$8 \overline{)608}$

앗! 실수

9

$3 \overline{)738}$

10

$4 \overline{)900}$

11

$9 \overline{)702}$

✂ 나눗셈을 하세요.

세로셈으로 바꾸어
차근차근 풀어 봐요.

① 348÷3＝

② 725÷5＝

③ 810÷6＝

④ 605÷5＝

⑤ 861÷7＝

⑥ 984÷4＝

⑦ 132÷2＝

⑧ 296÷4＝

⑨ 576÷6＝

⑩ 434÷7＝

⑪ 477÷9＝

38 나머지가 있는 (세 자리 수) ÷ (한 자리 수) (1)

❖ 나눗셈을 하세요.

* 나눌 수 없을 땐, 몫의 자리에 0을 써요.

```
  1 0
2)2 1 9
  2
      1
```

➡

```
  1 0 9
2)2 1 9
  2
    1 9
    1 8
      1
```

1을 **2**로 나눌 수 없으므로 몫에 0을 써요.

일의 자리에서 함께 나누어요.

5
```
백 십 일
4)9 3 4
```

1
```
백 십 일
3)5 1 8
```

3
```
백 십 일
5)5 3 2
```

6
```
백 십 일
7)8 6 5
```

2
```
4)6 5 7
```

4
```
6)8 4 1
```

남은 1은 6으로 나눌 수 없으므로 몫의 일의 자리에 0을 써요.

7
```
8)9 6 4
```

❄ 나눗셈을 하세요.

1 백 / 십 / 일
2) 5 1 7

4 백 / 십 / 일
6) 7 8 9

7 백 / 십 / 일
3) 8 5 4

2 2) 9 2 1

5 5) 6 3 9

8 4) 9 8 7

3 3) 3 2 3

6 8) 9 4 6

9 4) 7 1 0

39 나머지가 있는 (세 자리 수)÷(한 자리 수) (2)

❌ 나눗셈을 하세요.

①
백 십 일

       ✗ 5 8
2) 1 1 7
    1 0
    1 7
    1 6
       1

④
       백 십 일
5) 3 1 8

⑦
       백 십 일
7) 5 9 2

②
4) 1 5 8

⑤
6) 4 3 7

⑧
8) 3 8 2

③
3) 2 3 6

⑥
5) 4 5 3

⑨
9) 6 2 5

39 

❖ 나눗셈을 하세요.

	백	십	일
①			

$3 \overline{)2\ 0\ 3}$

② $4 \overline{)1\ 7\ 5}$

③ $7 \overline{)3\ 9\ 8}$

④ $5 \overline{)2\ 5\ 4}$

⑤ $6 \overline{)2\ 5\ 4}$

⑥ $4 \overline{)3\ 7\ 9}$

⑦ $4 \overline{)3\ 0\ 3}$

앗! 실수

⑧ $7 \overline{)6\ 0\ 0}$

⑨ $8 \overline{)5\ 5\ 5}$

40 나머지가 있는 (세 자리 수)÷(한 자리 수) 집중 연습

❀ 나눗셈을 하세요.

①
$2 \overline{)511}$

②
$4 \overline{)578}$

③
$3 \overline{)500}$

④
$4 \overline{)341}$

⑤
$8 \overline{)610}$

⑥
$5 \overline{)437}$

⑦
$6 \overline{)399}$

⑧
$9 \overline{)501}$

앗! 실수

⑨
$7 \overline{)355}$

⑩
$6 \overline{)616}$

⑪
$6 \overline{)604}$

40

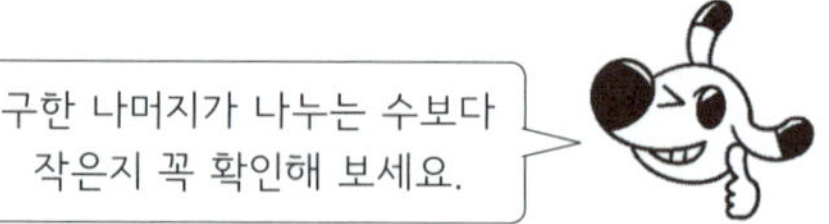

✂️ 나눗셈을 하세요.

1 $473 \div 3 =$ ⬜ (몫) ⋯ ⬜ (나머지)

2 $632 \div 5 =$

3 $987 \div 9 =$

4 $545 \div 4 =$

5 $764 \div 3 =$

6 $856 \div 6 =$

7 $173 \div 2 =$

8 $294 \div 4 =$

9 $328 \div 6 =$

10 $451 \div 7 =$

11 $606 \div 8 =$

12 $714 \div 9 =$

41 나머지가 있는 나눗셈의 계산이 맞는지 확인하기 (2)

나눗셈을 하고, 계산이 맞는지 확인하세요.

①

3) 3 1 1

확인 $3 \times 103 = 309$,
$309 + 2 = \boxed{311}$

└ 나누어지는 수 311이 나오면 정답!

②

5) 6 0 3

확인 $5 \times$ = ,
+ =

③

4) 4 2 5

확인 × = ,
+ =

④

8) 7 5 9

확인 ______ ,
______

⑤

6) 1 0 7

확인 ______ ,
______

⑥

8) 1 7 9

확인 ______ ,
______

⑦

9) 5 2 8

확인 ______ ,
______

⑧

7) 4 8 7

확인 ______ ,
______

⑨

4) 2 2 6

확인 ______ ,
______

🦴 나눗셈을 하고, 계산이 맞는지 확인하세요.

① $421 \div 3 =$ ⬚(몫) ⋯ ⬚(나머지)

확인 $3 \times 140 = 420$,
$420 + 1 = 421$

② $863 \div 7 =$ ⬚ ⋯ ⬚

확인 $7 \times$ ⬚ $=$ ____ ,
⬚ $+$ ⬚ $=$ ⬚

③ $590 \div 4 =$ ⬚ ⋯ ⬚

확인 ⬚ $\times$ ⬚ $=$ ____ ,
⬚ $+$ ⬚ $=$ ⬚

④ $777 \div 6 =$ ⬚ ⋯ ⬚

확인 ____ ,
____

⑤ $114 \div 9 =$ ⬚ ⋯ ⬚

확인 ____ ,
____

⑥ $257 \div 6 =$ ⬚ ⋯ ⬚

확인 ____ ,
____

⑦ $345 \div 4 =$ ⬚ ⋯ ⬚

확인 ____ ,
____

⑧ $508 \div 7 =$ ⬚ ⋯ ⬚

확인 ____ ,
____

42 생활 속 연산 – 나눗셈

✂ 그림을 보고 ☐ 안에 알맞은 수를 써넣으세요.

1 

지우는 84쪽짜리 동화책을 하루에 6쪽씩 매일 읽으려고 합니다. 지우가 동화책을 다 읽으려면 ☐ 일이 걸립니다.

2 

신우는 옥수수 94개를 4개의 상자에 똑같이 나누어 담고, 남은 옥수수는 쪄 먹었습니다.
신우가 쪄 먹은 옥수수는 ☐ 개입니다.

3 

승기네 학교 학생 304명이 버스 1대에 8명씩 나누어 타고 체험 학습을 가려고 합니다.
버스는 모두 ☐ 대가 필요합니다.

4 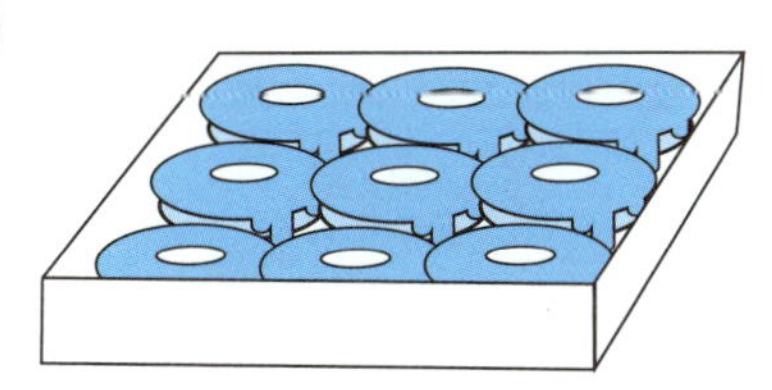

제과점에서 도넛 379개를 한 상자에 9개씩 나누어 담으려고 합니다. 필요한 도넛 상자는 모두 ☐ 상자이고, 남은 도넛은 ☐ 개입니다.

✂️ 바빠독 친구들의 사물함입니다. 사물함의 비밀번호는 사물함에 적힌 나눗셈의 몫과 나머지를 앞에서부터 차례로 이어 쓰면 알 수 있어요. 빈칸에 알맞은 수를 써넣어 비밀번호를 구하세요.

통과 문제

✂ □ 안에 알맞은 수를 써넣으세요.

① 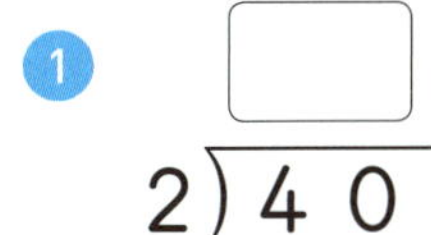
$$2 \overline{)40}$$

② 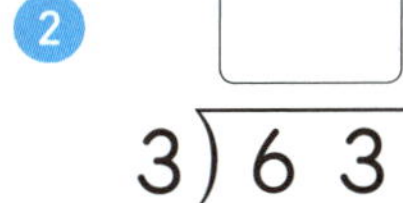
$$3 \overline{)63}$$

③ 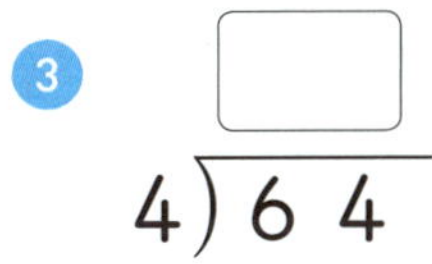
$$4 \overline{)64}$$

④ 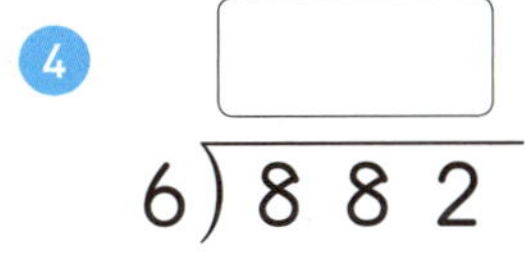
$$6 \overline{)882}$$

⑤ 몫 … 나머지
$$8 \overline{)817}$$

⑥ □ … □
$$5 \overline{)149}$$

⑦ $87 \div 3 = \square$

⑧ $744 \div 6 = \square$

⑨ $47 \div 7 = \square$(몫) … $\square$(나머지)

⑩ $763 \div 9 = \square \cdots \square$

⑪ $573 \div 4 = \square \cdots \square$

⑫ $963 \div 8 = \square \cdots \square$

⑬ $947 \div 9 = \square \cdots \square$

⑭ 구슬 175개를 한 명에게 5개씩 남김없이 나누어 주면 □명에게 나누어 줄 수 있습니다.

오늘 공부한
단계를 색칠해
보세요!

넷째 마당
분수

49
51
52
50

☆ 부분은 전체의 얼마인지 알아보기

색칠한 부분은 전체 5묶음 중의 1묶음입니다.

☆ 전체의 분수만큼은 얼마인지 알아보기

· 과자 6개의 $\dfrac{1}{3}$

➡ 전체를 3묶음으로 똑같이
나눈 것 중의 1묶음: 2개
$6 \div 3$

· 과자 6개의 $\dfrac{2}{3}$

➡ 전체를 3묶음으로 똑같이
나눈 것 중의 2묶음: 4개
(1묶음의 과자 수)×2

☆ 진분수, 가분수, 자연수, 대분수

· 진분수: 분자가 분모보다 작은 분수 예 $\dfrac{1}{3}$, $\dfrac{2}{3}$ ← 3보다 작은 수

· 가분수: 분자가 분모와 같거나 분모보다 큰 분수 예 $\dfrac{3}{3}$, $\dfrac{4}{3}$ ← 3과 같거나 3보다 큰 수

· 자연수: 1, 2, 3과 같은 수, 가분수 $\dfrac{3}{3}$은 자연수 1과 같아요.

· 대분수: 자연수와 진분수로 이루어진 분수

43 색칠한 부분을 분수로 나타내자

✂ 색칠한 부분을 분수로 나타내세요.

* 전체에 대한 부분을 분수로 나타내면 $\dfrac{(부분\ 묶음\ 수)}{(전체\ 묶음\ 수)}$ 예요.

1 

2 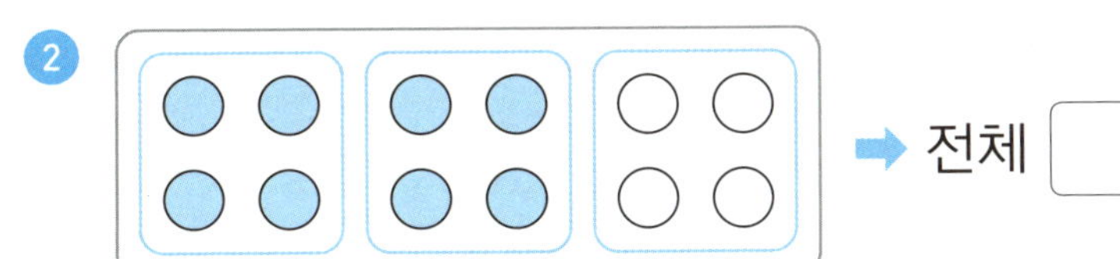

3 

4 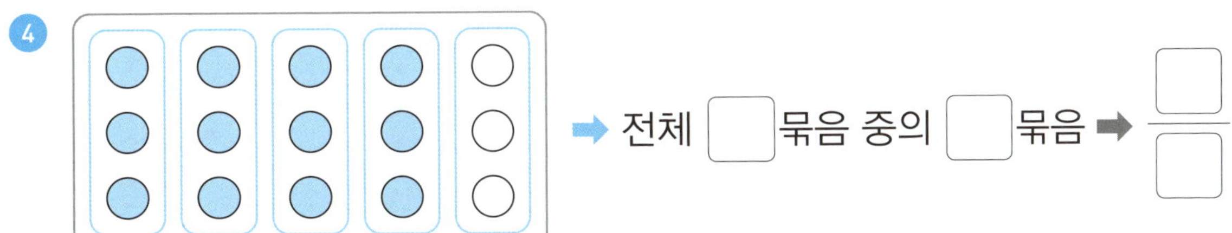

5 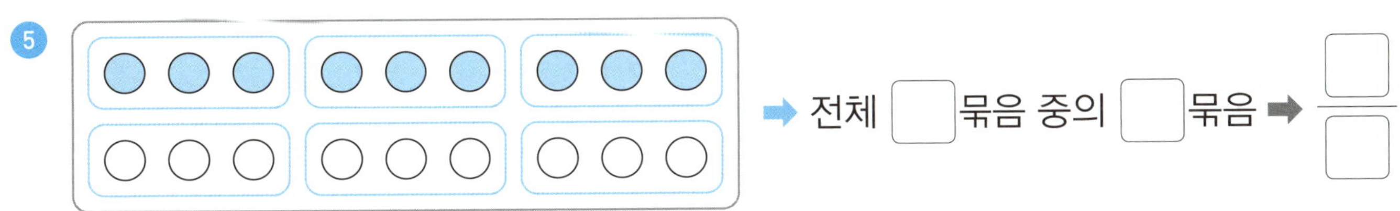

✳ 색칠한 부분을 분수로 나타내세요.

1 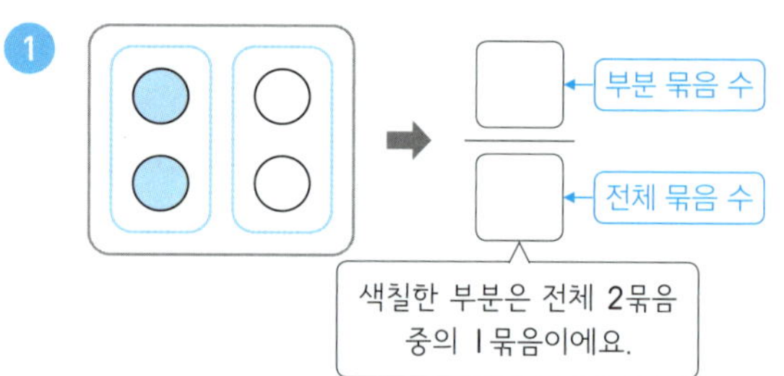

5 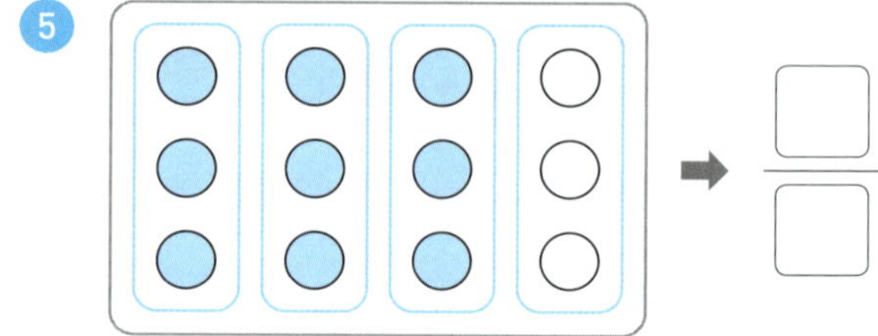

2 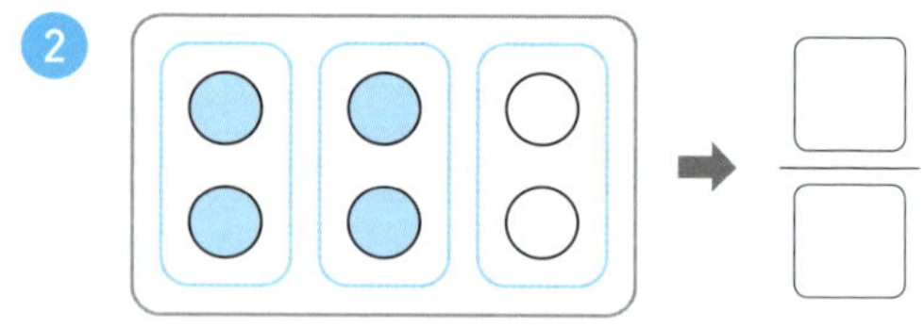

6 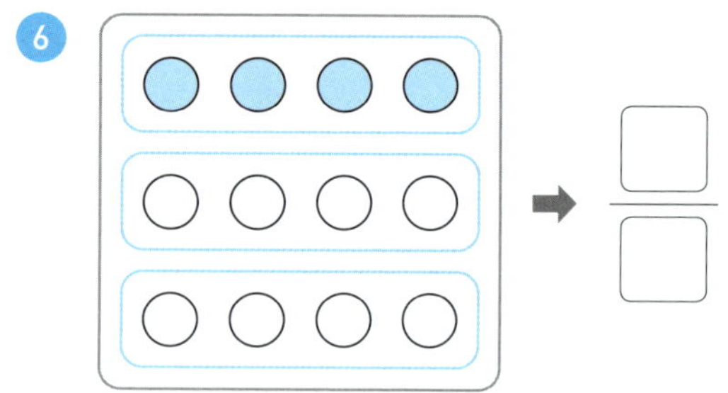

3 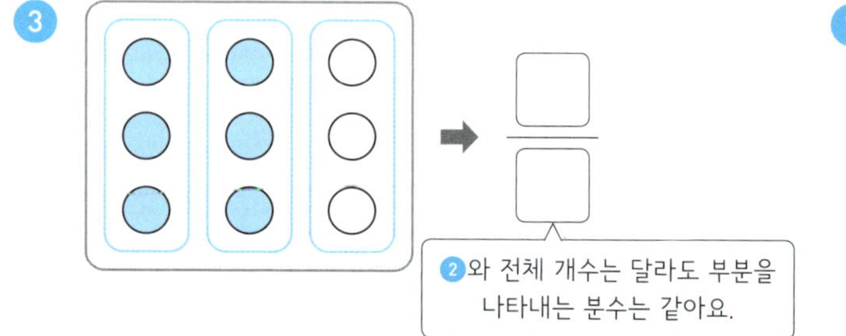

7 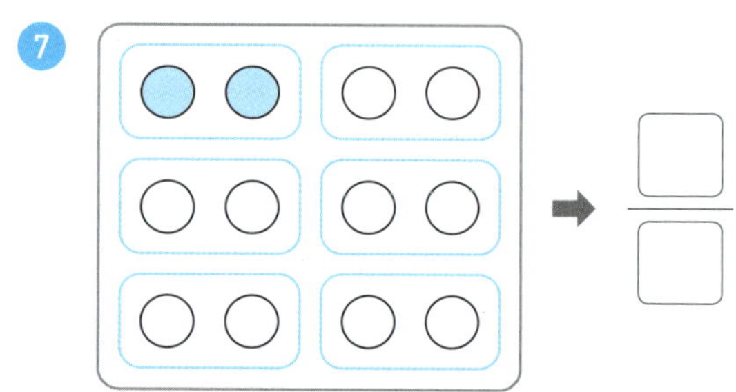

4 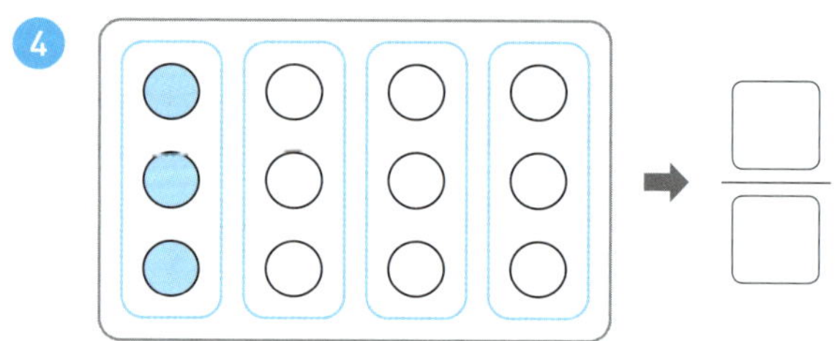

8 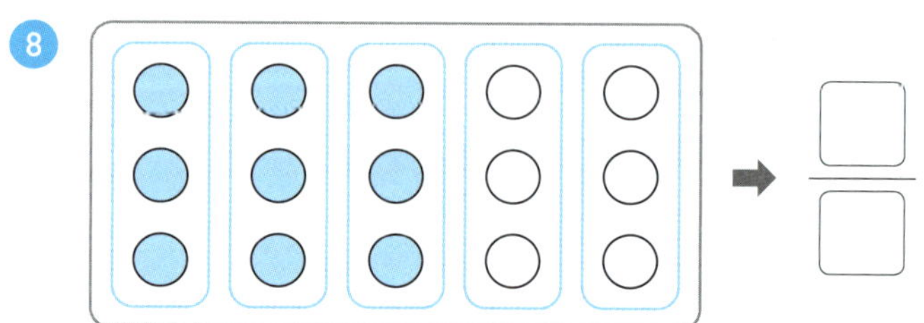

 **44** ## 분수만큼은 얼마일까

그림을 보고 ☐ 안에 알맞은 수를 써넣으세요.

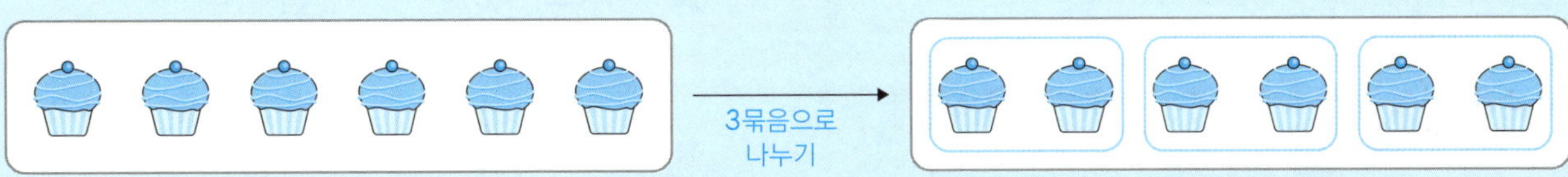

1

➡ 10의 $\frac{1}{2}$ 은 ☐ 입니다.

4

➡ 16의 $\frac{3}{4}$ 은 ☐ 입니다.

2

➡ 8의 $\frac{1}{4}$ 은 ☐ 입니다.

5

➡ 10의 $\frac{2}{5}$ 는 ☐ 입니다.

3

➡ 12의 $\frac{2}{3}$ 는 ☐ 입니다.

6

➡ 14의 $\frac{5}{7}$ 는 ☐ 입니다.

□ 안에 알맞은 수를 써넣으세요.

---

* 전체의 분수만큼의 양

15의 $\dfrac{1}{5}$은 15÷5= 3 입니다.

15의 $\dfrac{2}{5}$는 3 ×2= 6 입니다.

---

1 8의 $\dfrac{1}{4}$은 8÷4= ☐ 입니다.

8의 $\dfrac{2}{4}$는 ☐ ×2= ☐ 입니다.

2 12의 $\dfrac{1}{6}$은 12÷ ☐ = ☐ 입니다.

12의 $\dfrac{4}{6}$는 ☐ ×4= ☐ 입니다.

3 16의 $\dfrac{1}{8}$은 16÷ ☐ = ☐ 입니다.

16의 $\dfrac{7}{8}$은 ☐ × ☐ = ☐ 입니다.

4 20의 $\dfrac{1}{4}$은 20÷ ☐ = ☐ 입니다.

20의 $\dfrac{3}{4}$은 ☐ × ☐ = ☐ 입니다.

---

5 18의 $\dfrac{1}{3}$은 ☐ 입니다.

18의 $\dfrac{2}{3}$는 ☐ 입니다.

6 24의 $\dfrac{1}{8}$은 ☐ 입니다.

24의 $\dfrac{5}{8}$는 ☐ 입니다.

7 27의 $\dfrac{1}{9}$은 ☐ 입니다.

27의 $\dfrac{7}{9}$은 ☐ 입니다.

8 30의 $\dfrac{1}{5}$은 ☐ 입니다.

30의 $\dfrac{4}{5}$는 ☐ 입니다.

9 36의 $\dfrac{1}{6}$은 ☐ 입니다.

36의 $\dfrac{5}{6}$는 ☐ 입니다.

45 길이에 대한 분수만큼은 얼마일까

분수만큼 색칠하고, ☐ 안에 알맞은 수를 써넣으세요.

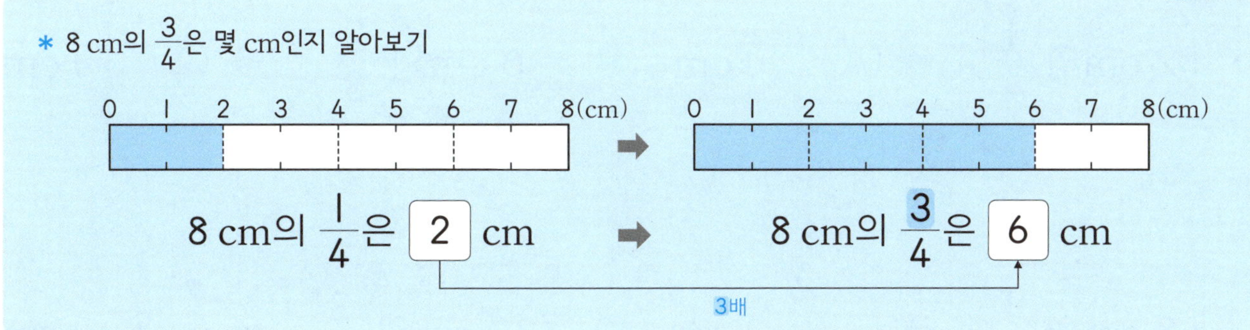

1 $\frac{4}{5}$

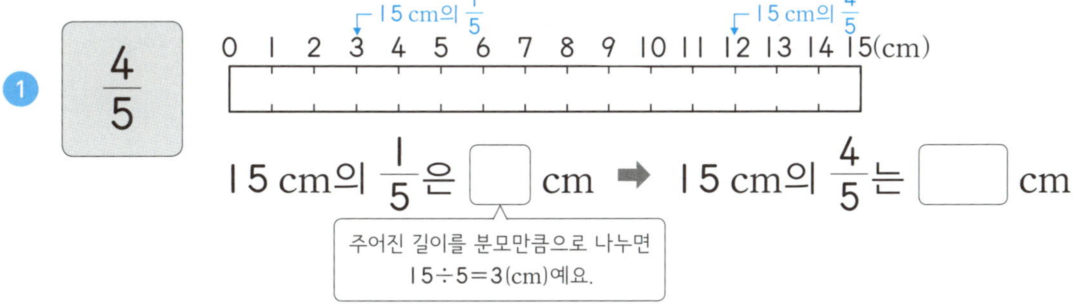

2 $\frac{2}{3}$

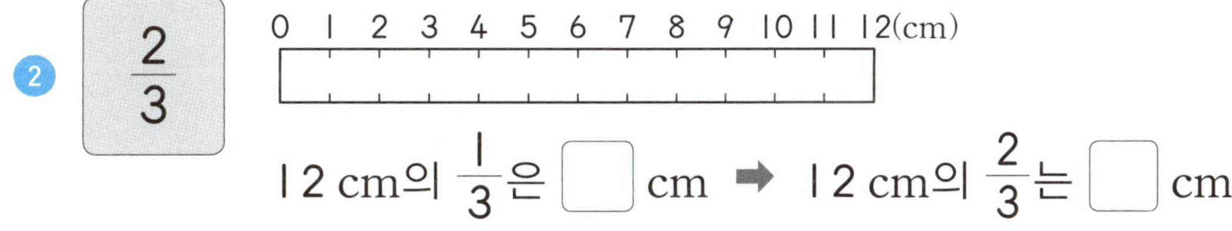

3 $\frac{3}{4}$

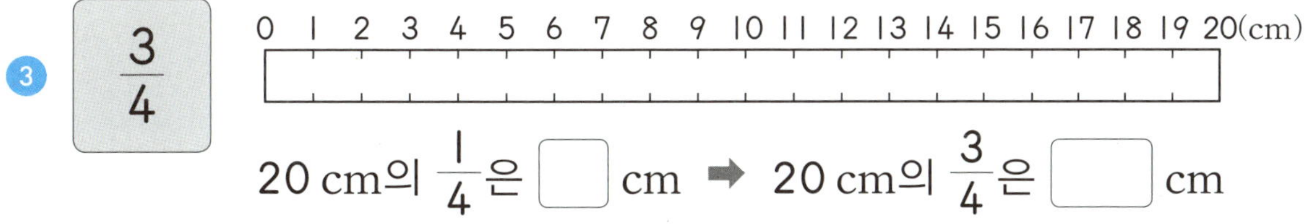

4 $\frac{5}{8}$

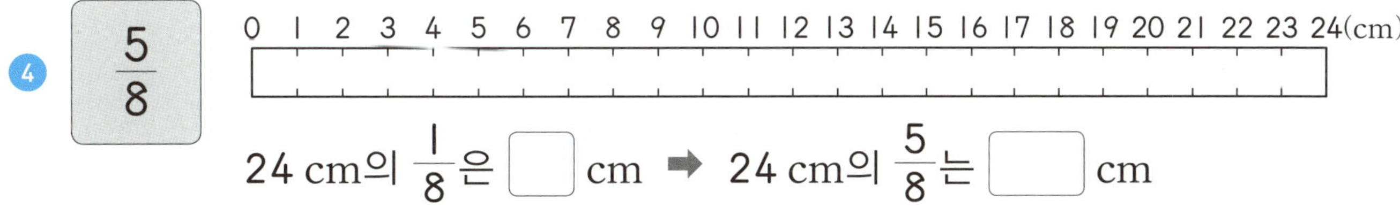

전체의 분수만큼의 길이를 구하세요.

1. 12 cm의 $\dfrac{1}{4}$ ➡ (　　　) cm

2. 18 cm의 $\dfrac{1}{3}$ ➡ (　　　) cm

3. 16 m의 $\dfrac{1}{2}$ ➡ (　　　) m

4. 25 m의 $\dfrac{1}{5}$ ➡ (　　　) m

5. 24 km의 $\dfrac{1}{6}$ ➡ (　　　) km

6. 35 km의 $\dfrac{1}{7}$ ➡ (　　　) km

7. 6 cm의 $\dfrac{2}{3}$ ➡ (　　　) cm

8. 20 cm의 $\dfrac{3}{4}$ ➡ (　　　) cm

9. 28 m의 $\dfrac{2}{7}$ ➡ (　　　) m

10. 16 m의 $\dfrac{7}{8}$ ➡ (　　　) m

11. 42 mm의 $\dfrac{5}{6}$ ➡ (　　　) mm

12. 27 mm의 $\dfrac{4}{9}$ ➡ (　　　) mm

 **46 시간에 대한 분수만큼은 얼마일까**

✂ 분수만큼 색칠하고, ☐ 안에 알맞은 수를 써넣으세요.

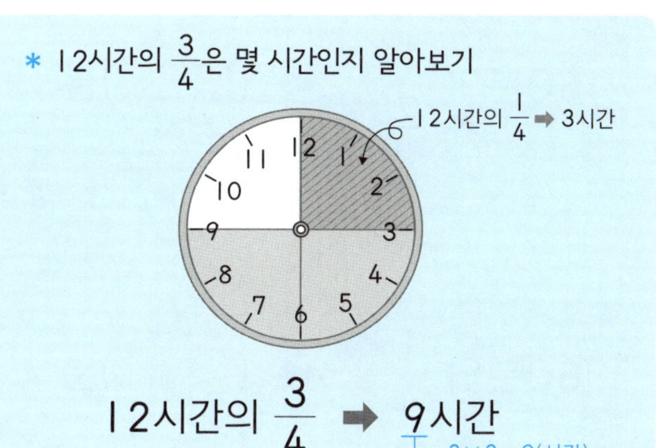

3
$\dfrac{2}{3}$

12시간의 $\dfrac{2}{3}$ ➡ ☐ 시간

1
$\dfrac{1}{3}$

12시간의 $\dfrac{1}{3}$ ➡ 4 시간

4
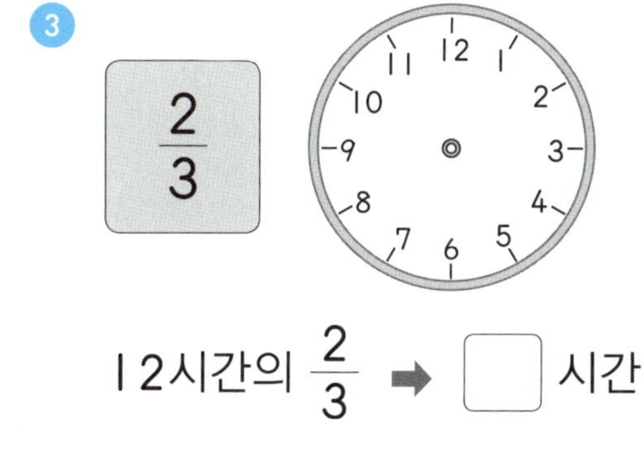
$\dfrac{5}{6}$

12시간의 $\dfrac{5}{6}$ ➡ ☐ 시간

2
$\dfrac{1}{4}$

12시간의 $\dfrac{1}{4}$ ➡ ☐ 시간

5
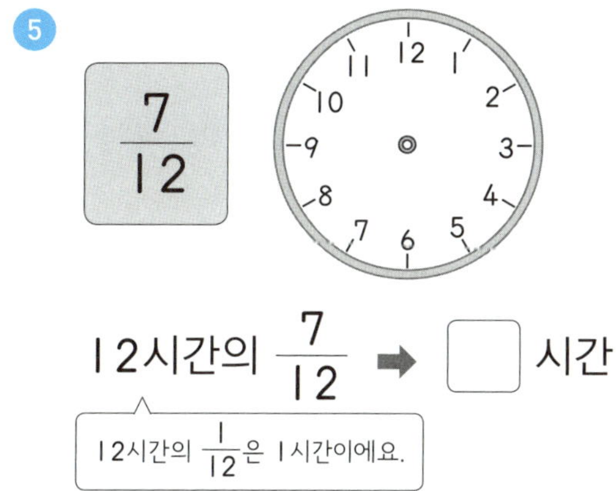
$\dfrac{7}{12}$

12시간의 $\dfrac{7}{12}$ ➡ ☐ 시간

❄ 전체의 분수만큼의 시간을 구하세요.

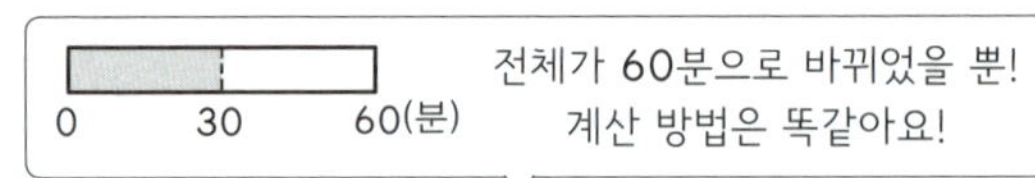

1. 12시간의 $\dfrac{1}{2}$ ➡ ( )시간

2. 12시간의 $\dfrac{1}{6}$ ➡ ( )시간

3. 12시간의 $\dfrac{2}{4}$ ➡ ( )시간

4. 12시간의 $\dfrac{5}{6}$ ➡ ( )시간

5. 12시간의 $\dfrac{2}{3}$ ➡ ( )시간

6. 12시간의 $\dfrac{9}{12}$ ➡ ( )시간

7. 60분의 $\dfrac{1}{2}$ ➡ ( )분

8. 60분의 $\dfrac{1}{4}$ ➡ ( )분

9. 60분의 $\dfrac{3}{4}$ ➡ ( )분

10. 60분의 $\dfrac{5}{6}$ ➡ ( )분

11. 60분의 $\dfrac{2}{3}$ ➡ ( )분

12. 60분의 $\dfrac{3}{5}$ ➡ ( )분

47 진분수, 가분수, 대분수

✂ 진분수는 '진', 가분수는 '가', 대분수는 '대'를 쓰세요.

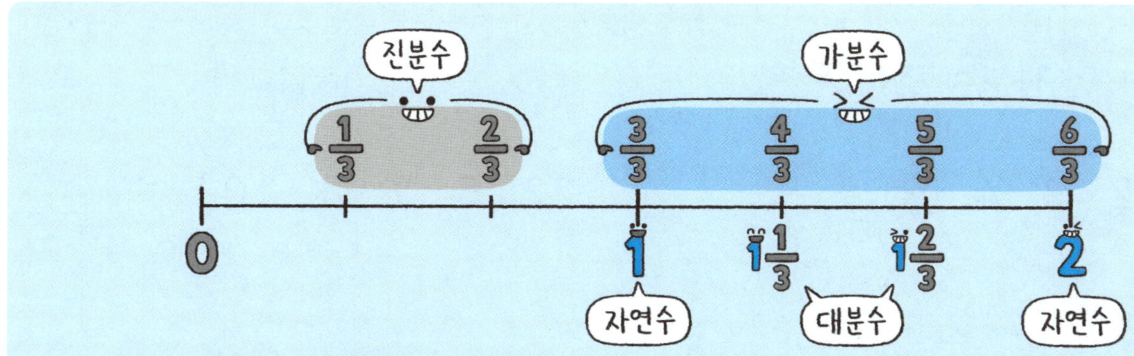

1 $\dfrac{1}{2}$ ➡ ( )

(분자) < (분모)

2 $\dfrac{7}{6}$ ➡ ( )

(분자) > (분모)

3 $\dfrac{2}{2}$ ➡ ( )

(분자) = (분모)

4 $\dfrac{2}{5}$ ➡ ( )

5 $1\dfrac{3}{5}$ ➡ ( )

6 $\dfrac{5}{4}$ ➡ ( )

7 $\dfrac{2}{9}$ ➡ ( )

8 $\dfrac{8}{5}$ ➡ ( )

9 $\dfrac{11}{10}$ ➡ ( )

10 $2\dfrac{3}{4}$ ➡ ( )

11 $\dfrac{4}{7}$ ➡ ( )

12 $4\dfrac{2}{3}$ ➡ ( )

✂ □ 안에 들어갈 수를 모두 찾아 ◯표 하세요.

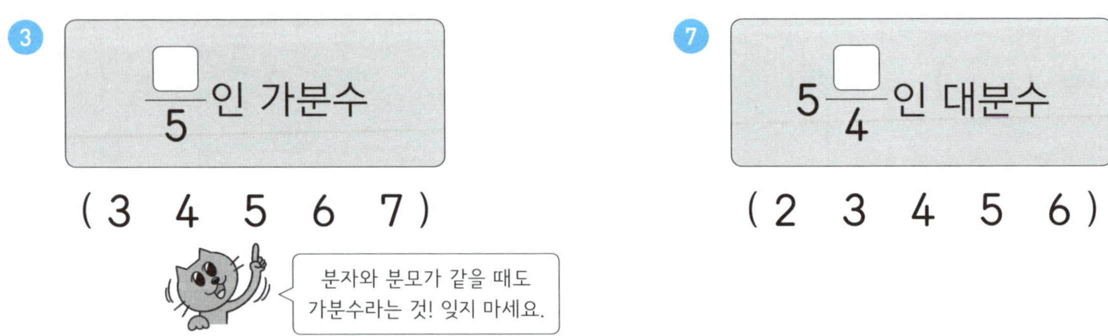

48 대분수를 가분수로 바꾸자

❀ 대분수를 가분수로 나타내세요.

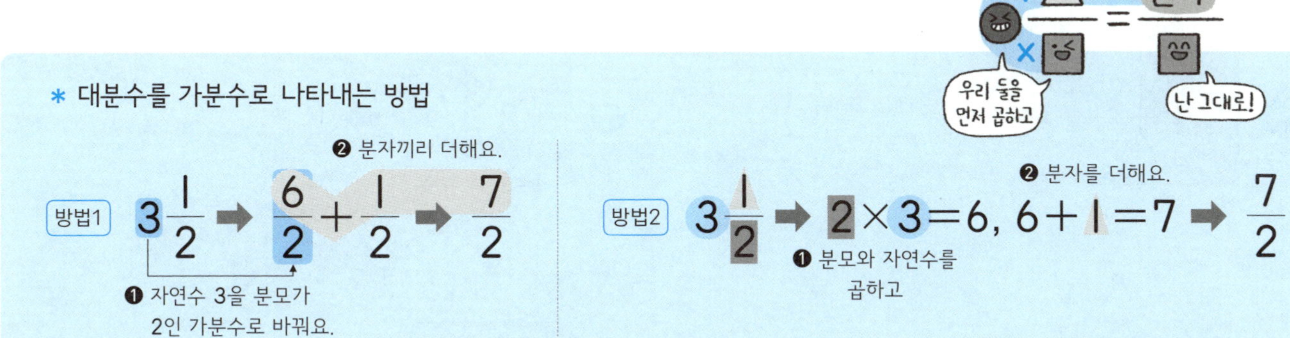

* 대분수를 가분수로 나타내는 방법

방법1 ❷ 분자끼리 더해요.
$$3\frac{1}{2} \Rightarrow \frac{6}{2} + \frac{1}{2} \Rightarrow \frac{7}{2}$$
❶ 자연수 3을 분모가 2인 가분수로 바꿔요.

방법2 ❷ 분자를 더해요.
$$3\frac{1}{2} \Rightarrow 2\times3=6,\ 6+1=7 \Rightarrow \frac{7}{2}$$
❶ 분모와 자연수를 곱하고

1. $2\frac{2}{3} \Rightarrow \frac{6}{3} + \frac{2}{3} \Rightarrow \frac{\square}{3}$

2. $1\frac{3}{4} \Rightarrow \frac{\square}{4}$

3. $2\frac{2}{5} \Rightarrow \frac{\square}{5}$

4. $1\frac{5}{6} \Rightarrow \frac{\square}{6}$

5. $3\frac{4}{7} \Rightarrow \frac{\square}{7}$

6. $2\frac{3}{8} \Rightarrow \frac{\square}{\square}$

7. $1\frac{2}{9} \Rightarrow \frac{\square}{\square}$

8. $4\frac{3}{10} \Rightarrow \frac{\square}{\square}$

9. $1\frac{6}{11} \Rightarrow \frac{\square}{\square}$

10. $1\frac{1}{12} \Rightarrow \frac{\square}{\square}$

집중 시간 **4분**

대분수를 가분수로 나타내세요.

1. $1\dfrac{1}{4}$ ➡ (   )

2. $2\dfrac{4}{5}$ ➡ (   )

3. $3\dfrac{1}{3}$ ➡ (   )

4. $5\dfrac{1}{2}$ ➡ (   )

5. $1\dfrac{7}{8}$ ➡ (   )

6. $5\dfrac{2}{3}$ ➡ (   )

7. $3\dfrac{3}{5}$ ➡ (   )

8. $4\dfrac{4}{9}$ ➡ (   )

9. $2\dfrac{6}{7}$ ➡ (   )

10. $1\dfrac{8}{9}$ ➡ (   )

11. $4\dfrac{1}{6}$ ➡ (   )

12. $1\dfrac{9}{11}$ ➡ (   )

49 가분수를 대분수로 바꾸자

✂ 가분수를 대분수로 나타내세요.

*** 가분수를 대분수로 나타내는 방법**

방법1 자연수가 되는 가분수와 진분수로 나타내요.

❷ 진분수가 $\frac{1}{2}$만큼 더 있어요.

$$\frac{5}{2} \Rightarrow \frac{4}{2} + \frac{1}{2} \Rightarrow 2\frac{1}{2}$$

❶ 자연수가 2만큼 있고

방법2 분자를 분모로 나누어 나타내요.

❷ 1이 남아요.

$$\frac{7}{2} \Rightarrow 7 \div 2 = 3 \cdots 1 \Rightarrow 3\frac{1}{2}$$

❶ 7를 2개씩 묶으면 3묶음이고

---

1 $\dfrac{9}{4} \Rightarrow \dfrac{8}{4} + \dfrac{1}{4} \Rightarrow 2\dfrac{1}{4}$

6 $\dfrac{12}{5} \Rightarrow \boxed{}\dfrac{\boxed{}}{\boxed{}}$

2 $\dfrac{7}{3} \Rightarrow \boxed{}\dfrac{\boxed{}}{3}$

7 $\dfrac{13}{6} \Rightarrow \boxed{}\dfrac{\boxed{}}{\boxed{}}$

3 $\dfrac{8}{5} \Rightarrow \boxed{}\dfrac{\boxed{}}{5}$

8 $\dfrac{19}{7} \Rightarrow \boxed{}\dfrac{\boxed{}}{\boxed{}}$

4 $\dfrac{15}{8} \Rightarrow \boxed{}\dfrac{\boxed{}}{8}$

9 $\dfrac{21}{9} \Rightarrow \boxed{}\dfrac{\boxed{}}{\boxed{}}$

5 $\dfrac{17}{9} \Rightarrow \boxed{}\dfrac{\boxed{}}{9}$

10 $\dfrac{25}{8} \Rightarrow \boxed{}\dfrac{\boxed{}}{\boxed{}}$

집중 시간 4분

가분수를 대분수로 나타내세요.

1) $\dfrac{5}{3}$ → ( )

2) $\dfrac{5}{4}$ → ( )

3) $\dfrac{13}{7}$ → ( )

4) $\dfrac{13}{8}$ → ( )

5) $\dfrac{14}{9}$ → ( )

6) $\dfrac{19}{6}$ → ( )

7) $\dfrac{24}{5}$ → ( )

8) $\dfrac{13}{2}$ → ( )

9) $\dfrac{25}{3}$ → ( )

10) $\dfrac{31}{6}$ → ( )

11) $\dfrac{20}{7}$ → ( )

12) $\dfrac{15}{2}$ → ( )

50 분모가 같은 분수의 크기를 비교하자

✿ 두 분수의 크기를 비교하여 ○ 안에 >, =, <를 알맞게 써넣으세요.

* 가분수의 크기 비교

$4<6$

$$\dfrac{4}{3} \;<\; \dfrac{6}{3}$$

➡ 분모가 같은 분수는 분자가 클수록 더 큰 분수예요.

* 대분수의 크기 비교

$2<4$

$$2\dfrac{3}{7} \;<\; 4\dfrac{6}{7}$$

$3>1$

$$4\dfrac{3}{5} \;>\; 4\dfrac{1}{5}$$

➡ 자연수 부분부터 비교해 자연수가 클수록 더 큰 분수예요. 자연수가 같으면 분자가 클수록 더 큰 분수예요.

$8>5$

1. $\dfrac{8}{3} \;\bigcirc\; \dfrac{5}{3}$

5. $2\dfrac{5}{6} \;\bigcirc\; 1\dfrac{1}{6}$

9. $2\dfrac{4}{9} \;\bigcirc\; 2\dfrac{7}{9}$

2. $\dfrac{7}{4} \;\bigcirc\; \dfrac{9}{4}$

6. $3\dfrac{2}{3} \;\bigcirc\; 4\dfrac{1}{3}$

10. $5\dfrac{7}{8} \;\bigcirc\; 5\dfrac{3}{8}$

3. $\dfrac{5}{3} \;\bigcirc\; \dfrac{7}{3}$

7. $6\dfrac{3}{5} \;\bigcirc\; 5\dfrac{4}{5}$

11. $3\dfrac{4}{9} \;\bigcirc\; 3\dfrac{5}{9}$

4. $\dfrac{9}{6} \;\bigcirc\; \dfrac{13}{6}$

8. $2\dfrac{3}{8} \;\bigcirc\; 3\dfrac{1}{8}$

12. $6\dfrac{10}{11} \;\bigcirc\; 6\dfrac{8}{11}$

50

두 분수 중 더 큰 분수를 빈칸에 써넣으세요.

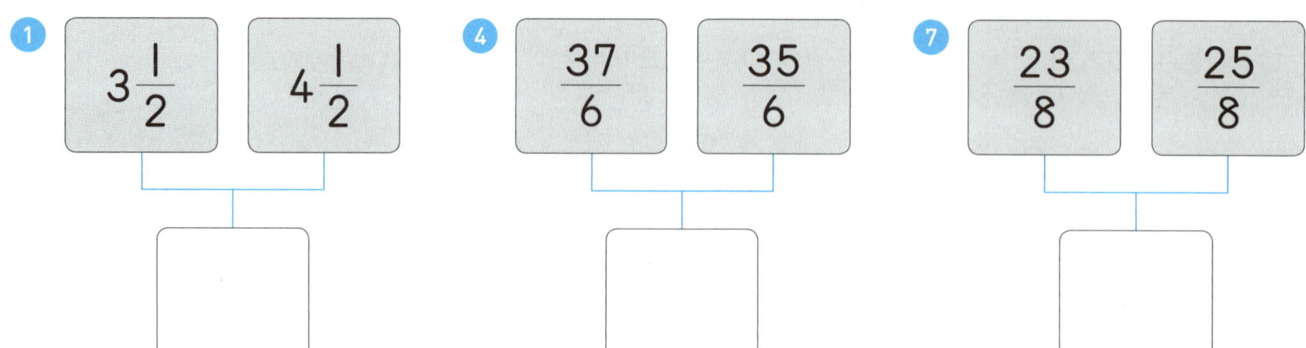

1. $3\frac{1}{2}$ $4\frac{1}{2}$

4. $\frac{37}{6}$ $\frac{35}{6}$

7. $\frac{23}{8}$ $\frac{25}{8}$

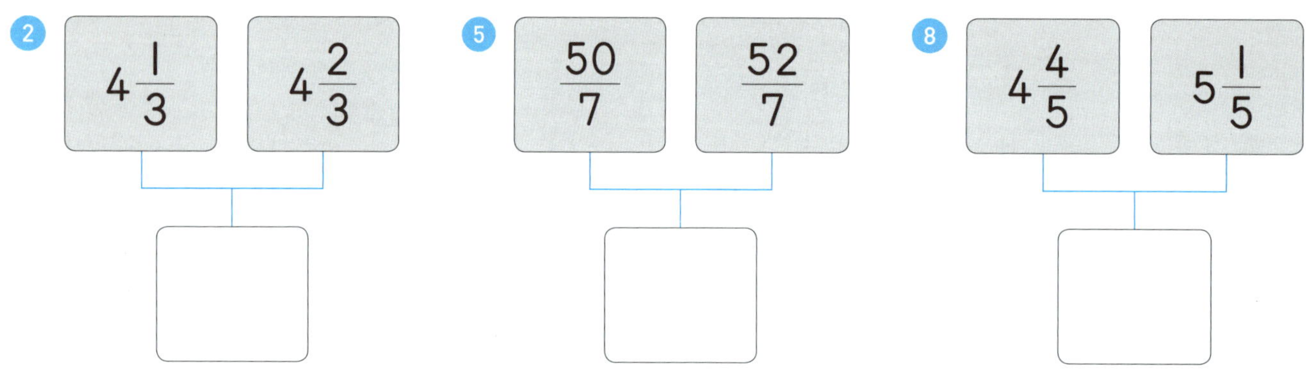

2. $4\frac{1}{3}$ $4\frac{2}{3}$

5. $\frac{50}{7}$ $\frac{52}{7}$

8. $4\frac{4}{5}$ $5\frac{1}{5}$

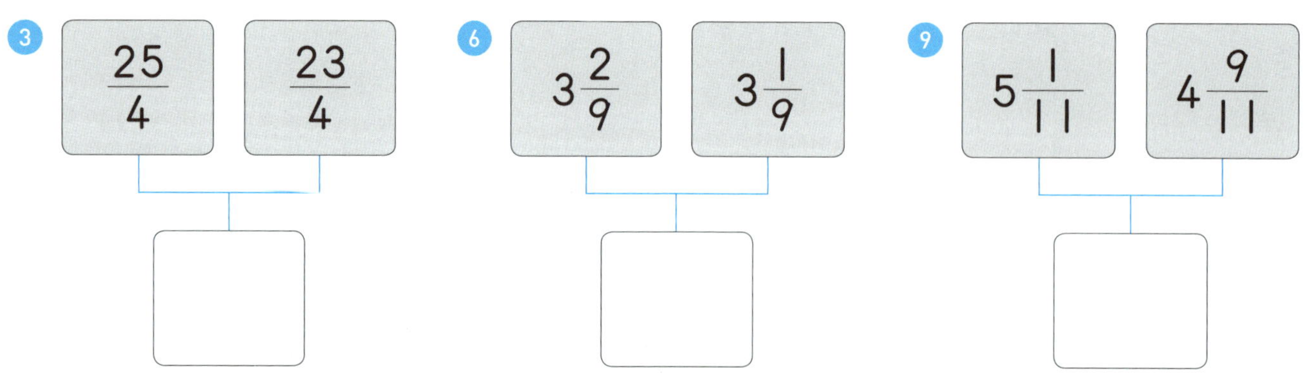

3. $\frac{25}{4}$ $\frac{23}{4}$

6. $3\frac{2}{9}$ $3\frac{1}{9}$

9. $5\frac{1}{11}$ $4\frac{9}{11}$

51 가분수를 대분수로, 대분수를 가분수로 바꾸어 비교하자

가분수를 대분수로 나타내고, 두 분수의 크기를 비교하세요. ○ 안에 >, =, <를 써넣어요~.

1. $\dfrac{7}{2} = \boxed{}\dfrac{\boxed{}}{2}$ ◯ $2\dfrac{1}{2}$

대분수로 나타내요.

$\dfrac{7}{2} \Rightarrow 7 \div 2 = 3 \cdots 1 \Rightarrow 3\dfrac{1}{2}$

2. $\dfrac{22}{5} = \boxed{}\dfrac{\boxed{}}{5}$ ◯ $4\dfrac{3}{5}$

3. $\dfrac{9}{7} = \boxed{}\dfrac{\boxed{}}{7}$ ◯ $1\dfrac{2}{7}$

4. $\dfrac{14}{3} = \boxed{}\dfrac{\boxed{}}{3}$ ◯ $5\dfrac{1}{3}$

5. $\dfrac{19}{8} = \boxed{}\dfrac{\boxed{}}{8}$ ◯ $2\dfrac{1}{8}$

6. $\dfrac{27}{4} = \boxed{}\dfrac{\boxed{}}{4}$ ◯ $7\dfrac{1}{4}$

7. $\dfrac{9}{4} = \boxed{}$ ◯ $2\dfrac{3}{4}$

8. $\dfrac{14}{5} = \boxed{}$ ◯ $3\dfrac{2}{5}$

9. $\dfrac{16}{9} = \boxed{}$ ◯ $1\dfrac{5}{9}$

10. $\dfrac{25}{6} = \boxed{}$ ◯ $3\dfrac{5}{6}$

11. $\dfrac{29}{8} = \boxed{}$ ◯ $3\dfrac{3}{8}$

12. $\dfrac{29}{7} = \boxed{}$ ◯ $4\dfrac{4}{7}$

✿ 대분수를 가분수로 나타내고, 두 분수의 크기를 비교하세요. ○ 안에 >, =, <를 써넣어요~.

① $3\dfrac{2}{3} = \dfrac{\square}{3}$ ○ $\dfrac{13}{3}$

가분수로 나타내요.

② $3\dfrac{3}{4} = \dfrac{\square}{4}$ ○ $\dfrac{17}{4}$

③ $1\dfrac{5}{8} = \dfrac{\square}{8}$ ○ $\dfrac{11}{8}$

④ $2\dfrac{5}{6} = \dfrac{\square}{6}$ ○ $\dfrac{19}{6}$

⑤ $1\dfrac{8}{9} = \dfrac{\square}{9}$ ○ $\dfrac{15}{9}$

⑥ $3\dfrac{2}{7} = \dfrac{\square}{7}$ ○ $\dfrac{22}{7}$

⑦ $3\dfrac{4}{5} = \square$ ○ $\dfrac{22}{5}$

⑧ $4\dfrac{1}{7} = \square$ ○ $\dfrac{30}{7}$

⑨ $6\dfrac{1}{4} = \square$ ○ $\dfrac{27}{4}$

⑩ $2\dfrac{8}{11} = \square$ ○ $\dfrac{21}{11}$

⑪ $4\dfrac{3}{10} = \square$ ○ $\dfrac{41}{10}$

52 생활 속 연산 – 분수

❄ 그림을 보고 ☐ 안에 알맞은 수나 말을 써넣으세요.

1

우리 반 학생 28명 중의 $\dfrac{1}{4}$은 안경을 썼습니다.

우리 반에서 안경을 쓴 학생은 모두 ☐명입니다.

2

길이가 64 cm인 리본 테이프가 있습니다.

선물을 포장하는 데 전체의 $\dfrac{5}{8}$만큼 사용했습니다.

사용한 리본 테이프는 ☐ cm입니다.

3

빵 만드는 재료	
밀가루	$\dfrac{15}{7}$ 컵
버터	$\dfrac{1}{3}$ 컵
우유	$\dfrac{5}{5}$ 컵
설탕	$\dfrac{3}{8}$ 컵

빵을 만드는 데 필요한 재료 중에서 필요한 양이

진분수인 재료는 ☐ , ☐ 이고, 필요한

양이 가분수인 재료는 ☐ , ☐ 입니다.

4

유진이와 지훈이가 제자리멀리뛰기를 했습니다.

유진이는 $\dfrac{8}{7}$ m, 지훈이는 $1\dfrac{2}{7}$ m를 뛰었습니다.

더 멀리 뛴 사람은 ☐ 입니다.

수학 단서를 풀면 바빠독이 어떤 친구인지 알 수 있어요. 빈칸에 알맞은 수를 써넣어 소개 글을 완성하세요.

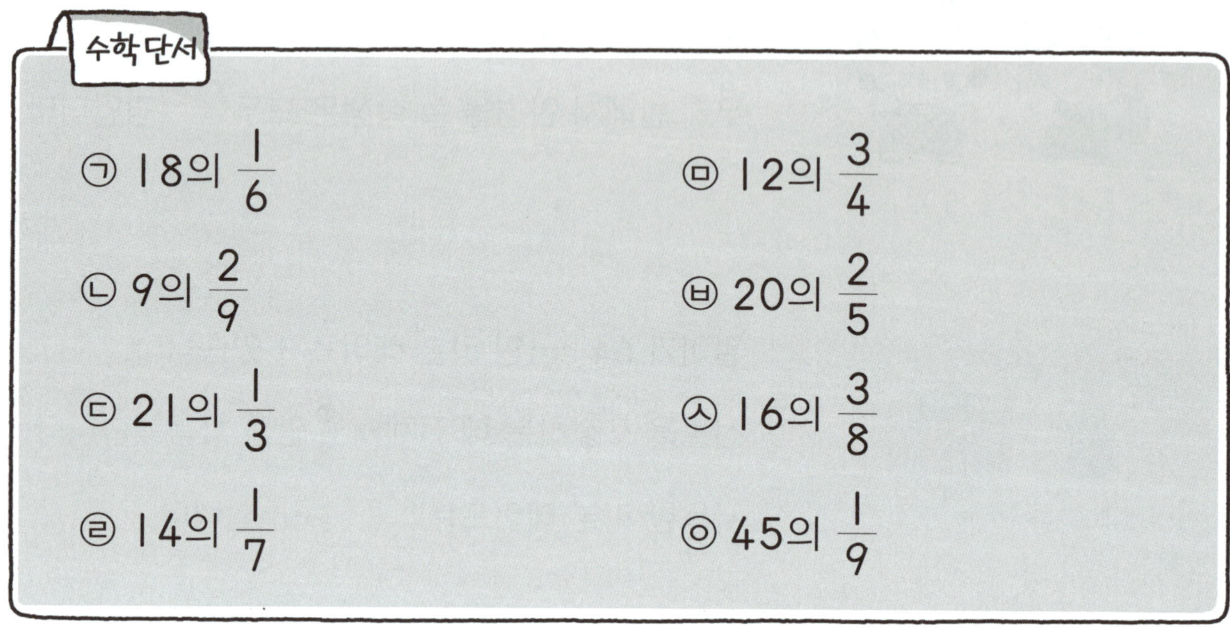

✂ ☐ 안에 알맞은 수나 분수 또는 말을 써넣으세요.

1 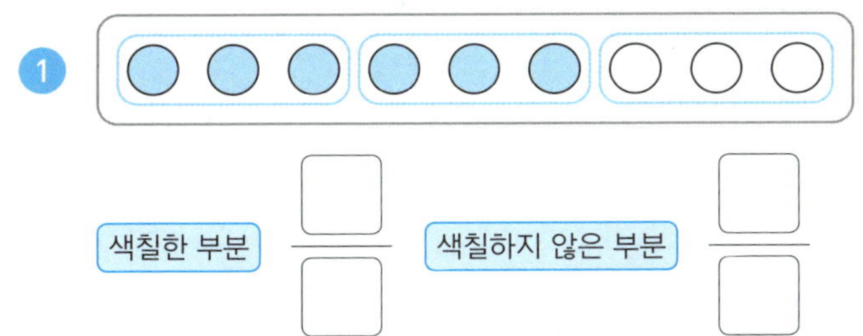

색칠한 부분 $\dfrac{\ \ }{\ \ }$ 색칠하지 않은 부분 $\dfrac{\ \ }{\ \ }$

2 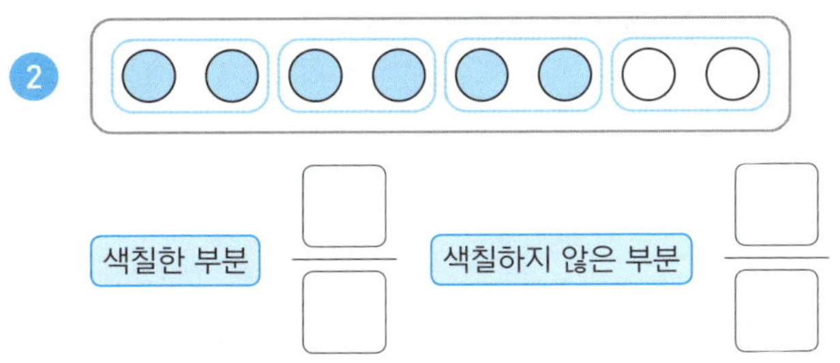

색칠한 부분 $\dfrac{\ \ }{\ \ }$ 색칠하지 않은 부분 $\dfrac{\ \ }{\ \ }$

3 9의 $\dfrac{1}{3}$은 ☐ 입니다.

4 12의 $\dfrac{5}{6}$는 ☐ 입니다.

5 10 cm의 $\dfrac{1}{5}$은 ☐ cm입니다.

6 16 cm의 $\dfrac{3}{8}$은 ☐ cm입니다.

7 12시간의 $\dfrac{1}{4}$은 ☐ 시간입니다.

8 60분의 $\dfrac{3}{5}$은 ☐ 분입니다.

9 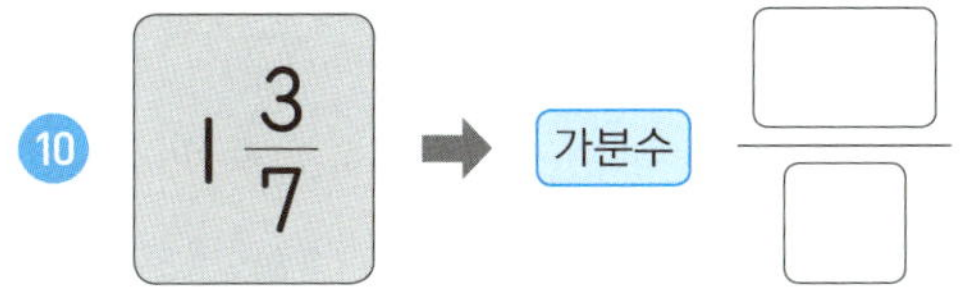 $3\dfrac{1}{6}$ ➡ 가분수 $\dfrac{\ \ }{6}$

10  $1\dfrac{3}{7}$ ➡ 가분수 $\dfrac{\ \ }{\ \ }$

11  $\dfrac{14}{9}$ ➡ 대분수 $\ \square\dfrac{\ \ }{\ \ }$

12 $\dfrac{34}{8}$ ➡ 대분수 $\ \square\dfrac{\ \ }{\ \ }$

13 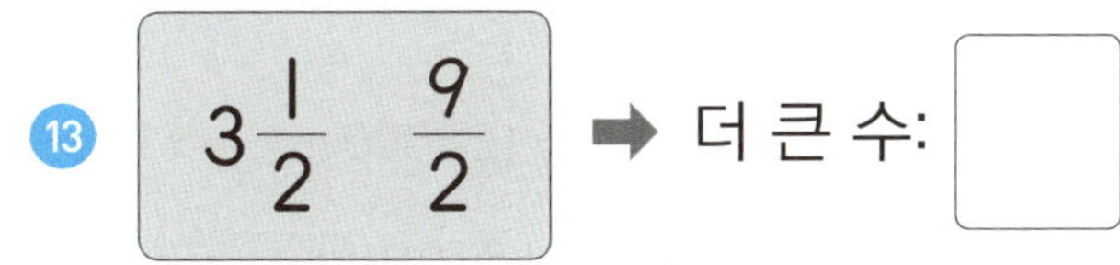 $3\dfrac{1}{2}\quad \dfrac{9}{2}$ ➡ 더 큰 수: ☐

14 우유를 경수는 $\dfrac{13}{7}$ 컵, 선아는 $2\dfrac{1}{7}$ 컵 마셨습니다. 우유를 더 많이 마신 사람은 ☐ 입니다.

오늘 공부한
단계를 색칠해
보세요!

틀이와 무게

57 58 59

☆ L와 mL

$$1\ L = 1000\ mL$$

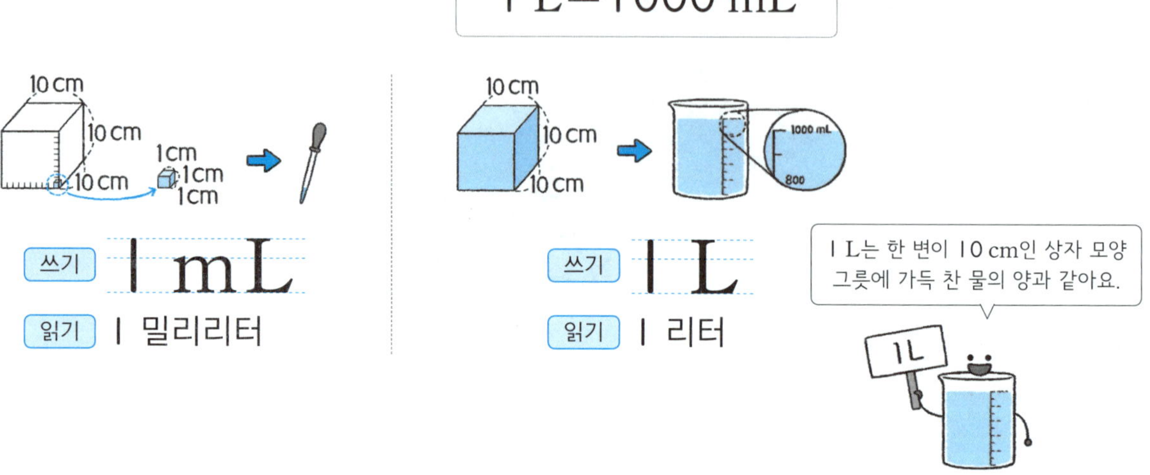

☆ kg과 g, t과 kg

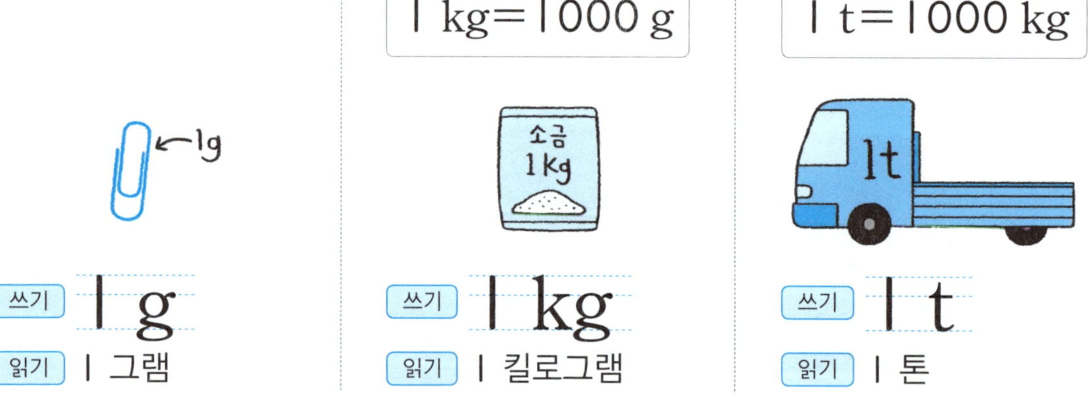

잠깐! 퀴즈 1 L와 50 mL는 몇 L 몇 mL일까요?

① 1 L 150 mL   ② 1 L 50 mL

53 1 L는 1000 mL, 1000 mL는 1 L야

$$1\,L = 1000\,mL$$

✂️ ☐ 안에 알맞은 수를 써넣으세요.

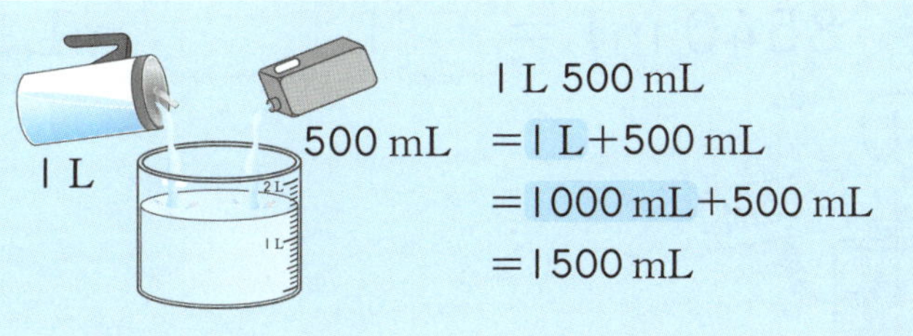

① 2 L = 2000 mL

☐ L = ☐000 mL

② 3 L = ☐ mL

③ 1 L 700 mL = ☐ mL

1000 mL + 700 mL

④ 2 L 300 mL = ☐ mL

⑤ 5 L 105 mL = ☐ mL

⑥ 9 L 602 mL = ☐ mL

⑦ 7 L 210 mL = ☐ mL

⑧ 8 L 980 mL = ☐ mL

⑨ 3 L 425 mL = ☐ mL

앗! 실수

⑩ 6 L 80 mL = ☐ mL

6000 mL + 80 mL

⑪ 8 L 4 mL = ☐ mL

53

$$1000 \text{ mL} = 1 \text{ L}$$

✂ □ 안에 알맞은 수를 써넣으세요.

① 3000 mL = ☐ L

⑦ 8540 mL = ☐ L ☐ mL

② 5000 mL = ☐ L

⑧ 1375 mL = ☐ L ☐ mL

③ 4300 mL = ☐ L ☐ mL
4000 mL+300 mL

⑨ 3829 mL = ☐ L ☐ mL

④ 2800 mL = ☐ L ☐ mL

⑩ 9376 mL = ☐ L ☐ mL

⑤ 6250 mL = ☐ L ☐ mL

👀 앗! 실수

⑪ 8043 mL = ☐ L ☐ mL
8000 mL+43 mL

⑥ 7190 mL = ☐ L ☐ mL

⑫ 4005 mL = ☐ L ☐ mL

54 L는 L끼리, mL는 mL끼리 더하자!

❈ 들이의 합을 구하세요.

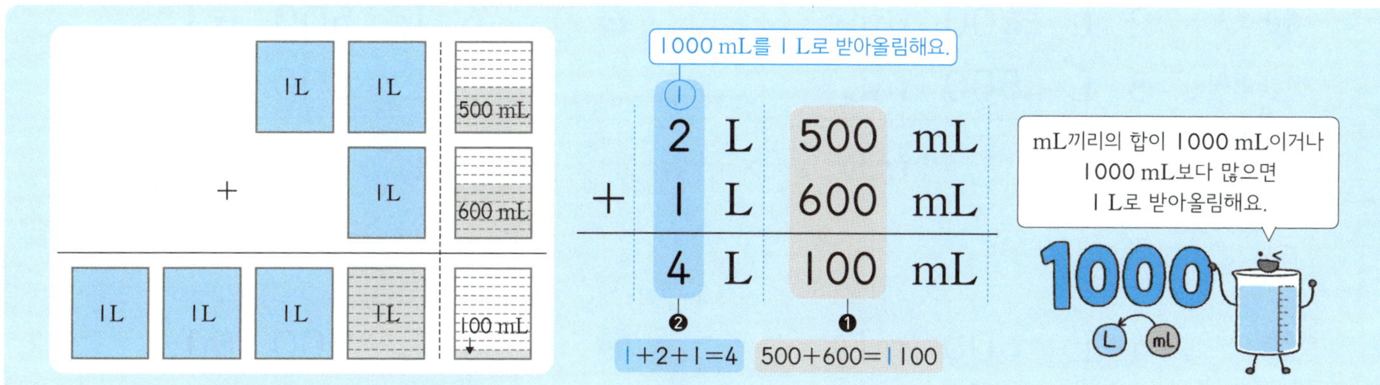

①
4 L 200 mL
+ 1 L 300 mL
☐ L ☐ mL

②
5 L 100 mL
+ 2 L 600 mL
☐ L ☐ mL

③
2 L 150 mL
+ 2 L 300 mL
☐ L ☐ mL

④
7 L 300 mL
+ 1 L 550 mL
☐ L ☐ mL

1 ← mL에서 받아올림한 수

⑤
3 L 700 mL
+ 1 L 500 mL
☐ L ☐ mL

⑥
2 L 800 mL
+ 4 L 600 mL
☐ L ☐ mL

⑦
3 L 900 mL
+ 4 L 300 mL
☐ L ☐ mL

⑧
4 L 700 mL
+ 2 L 800 mL
☐ L ☐ mL

❖ 들이의 합을 구하세요.

①
$$2 \text{ L } 400 \text{ mL}$$
$$+ \ 3 \text{ L } 500 \text{ mL}$$
☐ L ☐ mL

②
$$4 \text{ L } 600 \text{ mL}$$
$$+ \ 3 \text{ L } 200 \text{ mL}$$
☐ L ☐ mL

③
$$3 \text{ L } 800 \text{ mL}$$
$$+ \ 5 \text{ L } 300 \text{ mL}$$
☐ L ☐ mL

④
$$4 \text{ L } 400 \text{ mL}$$
$$+ \ 1 \text{ L } 700 \text{ mL}$$
☐ L ☐ mL

⑤
$$4 \text{ L } 200 \text{ mL}$$
$$+ \ 4 \text{ L } 900 \text{ mL}$$
☐ L ☐ mL

⑥
$$6 \text{ L } 500 \text{ mL}$$
$$+ \ 3 \text{ L } 800 \text{ mL}$$
☐ L ☐ mL

⑦
$$5 \text{ L } 900 \text{ mL}$$
$$+ \ 6 \text{ L } 700 \text{ mL}$$
☐ L ☐ mL

⑧
$$7 \text{ L } 600 \text{ mL}$$
$$+ \ 3 \text{ L } 900 \text{ mL}$$
☐ L ☐ mL

앗! 실수

⑨
$$8 \text{ L } 750 \text{ mL}$$
$$+ \ 1 \text{ L } 600 \text{ mL}$$
☐ L ☐ mL

⑩
$$3 \text{ L } 850 \text{ mL}$$
$$+ \ 9 \text{ L } 950 \text{ mL}$$
☐ L ☐ mL

55 L는 L끼리, mL는 mL끼리 빼자!

✂ 들이의 차를 구하세요.

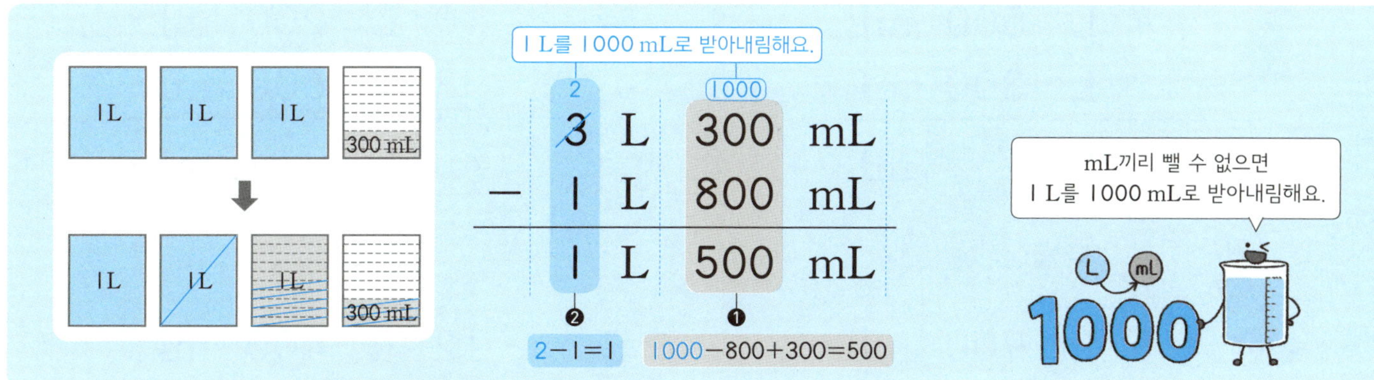

1   4 L 500 mL
− 2 L 400 mL
☐ L ☐ mL

2   8 L 700 mL
− 6 L 200 mL
☐ L ☐ mL

3   4 L 800 mL
− 1 L 600 mL
☐ L ☐ mL

4   9 L 400 mL
− 3 L 100 mL
☐ L ☐ mL

5   5 L 200 mL
− 2 L 500 mL
☐ L ☐ mL

6   7 L 600 mL
− 3 L 800 mL
☐ L ☐ mL

7   9 L 100 mL
− 6 L 700 mL
☐ L ☐ mL

8   8 L 600 mL
− 4 L 900 mL
☐ L ☐ mL

들이의 차를 구하세요.

> 받아내림이 있을 수 있으니 mL끼리 먼저 빼야 해요.

1

```
    4 L  500 mL
  − 1 L  300 mL
  ─────────────
    □ L  □ mL
```

2

```
    5 L  900 mL
  − 3 L  200 mL
  ─────────────
    □ L  □ mL
```

3

```
    7 L  100 mL
  − 5 L  400 mL
  ─────────────
    □ L  □ mL
```

4

```
    8 L  500 mL
  − 4 L  900 mL
  ─────────────
    □ L  □ mL
```

5

```
    9 L  300 mL
  − 6 L  400 mL
  ─────────────
    □ L  □ mL
```

6

```
   10 L  200 mL
  −  3 L  600 mL
  ─────────────
    □ L  □ mL
```

7

```
   12 L  400 mL
  −  4 L  700 mL
  ─────────────
    □ L  □ mL
```

8

```
   11 L  100 mL
  −  7 L  900 mL
  ─────────────
    □ L  □ mL
```

👀 앗! 실수

9

```
   15 L  350 mL
  −  8 L  650 mL
  ─────────────
    □ L  □ mL
```

10

```
   12 L  200 mL
  −  9 L  550 mL
  ─────────────
    □ L  □ mL
```

56 1 kg은 1000 g, 1000 g은 1 kg이야

$$1 \text{ kg} = 1000 \text{ g}$$

✂️ □ 안에 알맞은 수를 써넣으세요.

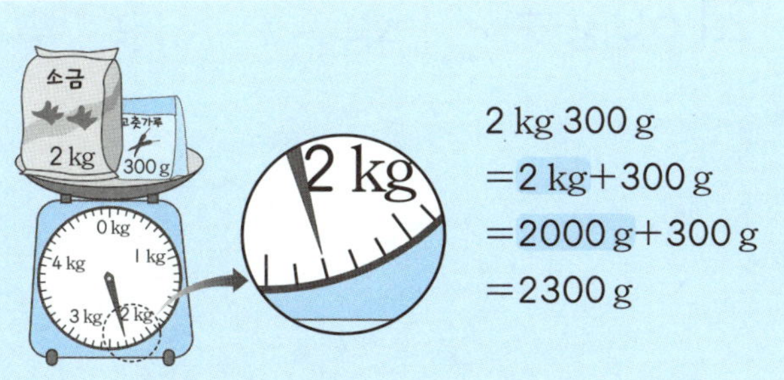

1 2 kg = ☐ 2000 ☐ g

■ kg=■000 g

2 4 kg = ☐ g

3 3 kg 500 g = ☐ g

3000 g+500 g

4 2 kg 600 g = ☐ g

5 5 kg 950 g = ☐ g

6 6 kg 140 g = ☐ g

7 5 kg 234 g = ☐ g

8 6 kg 755 g = ☐ g

🐝 앗! 실수

9 4 kg 80 g = ☐ g

4000 g+80 g

10 7 kg 5 g = ☐ g

11 8 kg 3 g = ☐ g

집중 시간 2분

✂ □ 안에 알맞은 수를 써넣으세요.

1 2000 g = □ kg
■000 g = ■ kg

2 3000 g = □ kg

3 2900 g = □ kg □ g
2000 g + 900 g

4 4300 g = □ kg □ g

5 1250 g = □ kg □ g

6 5670 g = □ kg □ g

7 2160 g = □ kg □ g

8 4872 g = □ kg □ g

앗! 실수

9 3054 g = □ kg □ g
3000 g + 54 g

10 6030 g = □ kg □ g

11 7010 g = □ kg □ g

12 9005 g = □ kg □ g
9000 g + 5 g

57 kg은 kg끼리, g은 g끼리 더하자!

무게의 합을 구하세요.

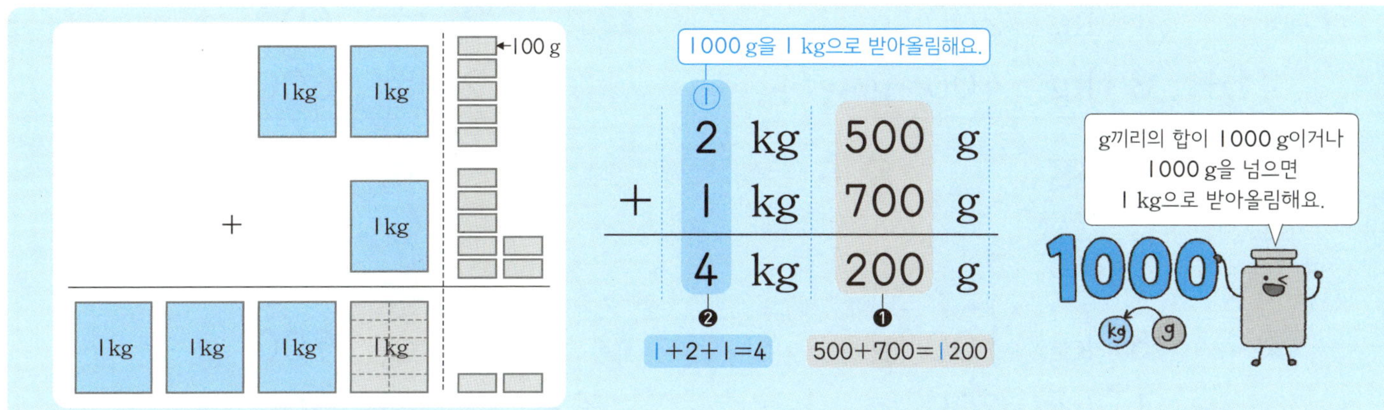

1
    1 kg   300 g
+ 4 kg   200 g
⬚ kg ⬚ g

2
    3 kg   200 g
+ 2 kg   700 g
⬚ kg ⬚ g

3
    1 kg   300 g
+ 7 kg   500 g
⬚ kg ⬚ g

4
    5 kg   600 g
+ 4 kg   100 g
⬚ kg ⬚ g

5
    1 kg   800 g
+ 2 kg   300 g
⬚ kg ⬚ g

6
    5 kg   700 g
+ 3 kg   700 g
⬚ kg ⬚ g

7
    4 kg   400 g
+ 3 kg   800 g
⬚ kg ⬚ g

8
    2 kg   800 g
+ 4 kg   900 g
⬚ kg ⬚ g

57

�֎ 무게의 합을 구하세요.

받아올림이 있을 수 있으니 g끼리 먼저 더해야 해요.

1　　1 kg　200 g
　＋　3 kg　400 g
　　　□ kg　□ g

2　　5 kg　100 g
　＋　1 kg　300 g
　　　□ kg　□ g

3　　2 kg　600 g
　＋　3 kg　500 g
　　　□ kg　□ g

4　　4 kg　900 g
　＋　2 kg　300 g
　　　□ kg　□ g

5　　1 kg　700 g
　＋　6 kg　800 g
　　　□ kg　□ g

6　　7 kg　600 g
　＋　2 kg　600 g
　　　□ kg　□ g

7　　8 kg　900 g
　＋　2 kg　500 g
　　　□ kg　□ g

8　　7 kg　400 g
　＋　6 kg　700 g
　　　□ kg　□ g

앗! 실수

9　　5 kg　650 g
　＋　4 kg　400 g
　　　□ kg　□ g

10　　8 kg　350 g
　＋　9 kg　950 g
　　　□ kg　□ g

58 kg은 kg끼리, g은 g끼리 빼자!

✂ 무게의 차를 구하세요.

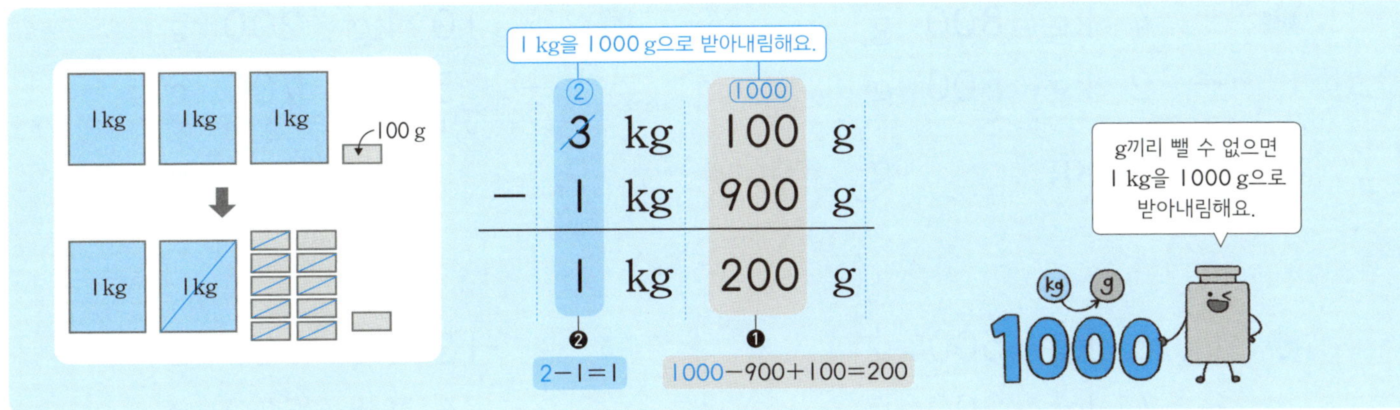

①
   5 kg 300 g
− 2 kg 100 g
   ☐ kg ☐ g

②
   8 kg 600 g
− 4 kg 200 g
   ☐ kg ☐ g

③
   7 kg 900 g
− 2 kg 400 g
   ☐ kg ☐ g

④
   9 kg 500 g
− 5 kg 100 g
   ☐ kg ☐ g

⑤
   4 kg 200 g
− 1 kg 400 g
   ☐ kg ☐ g

⑥
   6 kg 400 g
− 3 kg 700 g
   ☐ kg ☐ g

⑦
   8 kg 500 g
− 2 kg 600 g
   ☐ kg ☐ g

⑧
   9 kg 200 g
− 3 kg 800 g
   ☐ kg ☐ g

✂ 무게의 차를 구하세요. 받아내림이 있을 수 있으니 g끼리 먼저 빼야해요.

1

$$\begin{array}{r} 4 \ \text{kg} \ \ 800 \ \text{g} \\ - \ \ 2 \ \text{kg} \ \ 500 \ \text{g} \\ \hline \ \square \ \text{kg} \ \ \square \ \text{g} \end{array}$$

2

$$\begin{array}{r} 6 \ \text{kg} \ \ 500 \ \text{g} \\ - \ \ 4 \ \text{kg} \ \ 200 \ \text{g} \\ \hline \ \square \ \text{kg} \ \ \square \ \text{g} \end{array}$$

3

$$\begin{array}{r} 8 \ \text{kg} \ \ 600 \ \text{g} \\ - \ \ 3 \ \text{kg} \ \ 700 \ \text{g} \\ \hline \ \square \ \text{kg} \ \ \square \ \text{g} \end{array}$$

4

$$\begin{array}{r} 9 \ \text{kg} \ \ 100 \ \text{g} \\ - \ \ 6 \ \text{kg} \ \ 400 \ \text{g} \\ \hline \ \square \ \text{kg} \ \ \square \ \text{g} \end{array}$$

5

$$\begin{array}{r} 7 \ \text{kg} \ \ 500 \ \text{g} \\ - \ \ 3 \ \text{kg} \ \ 900 \ \text{g} \\ \hline \ \square \ \text{kg} \ \ \square \ \text{g} \end{array}$$

6

$$\begin{array}{r} 10 \ \text{kg} \ \ 200 \ \text{g} \\ - \ \ 5 \ \text{kg} \ \ 700 \ \text{g} \\ \hline \ \square \ \text{kg} \ \ \square \ \text{g} \end{array}$$

7

$$\begin{array}{r} 12 \ \text{kg} \ \ 300 \ \text{g} \\ - \ \ 6 \ \text{kg} \ \ 500 \ \text{g} \\ \hline \ \square \ \text{kg} \ \ \square \ \text{g} \end{array}$$

8

$$\begin{array}{r} 16 \ \text{kg} \ \ 100 \ \text{g} \\ - \ \ 8 \ \text{kg} \ \ 800 \ \text{g} \\ \hline \ \square \ \text{kg} \ \ \square \ \text{g} \end{array}$$

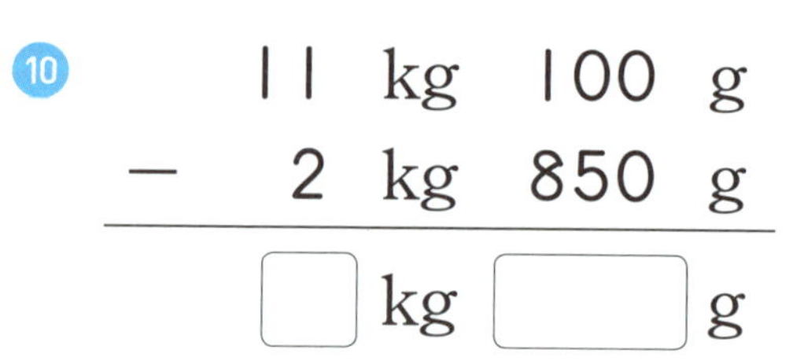

9

$$\begin{array}{r} 13 \ \text{kg} \ \ 150 \ \text{g} \\ - \ \ 8 \ \text{kg} \ \ 950 \ \text{g} \\ \hline \ \square \ \text{kg} \ \ \square \ \text{g} \end{array}$$

10

$$\begin{array}{r} 11 \ \text{kg} \ \ 100 \ \text{g} \\ - \ \ 2 \ \text{kg} \ \ 850 \ \text{g} \\ \hline \ \square \ \text{kg} \ \ \square \ \text{g} \end{array}$$

59 생활 속 연산 – 들이와 무게

✂ 그림을 보고 ☐ 안에 알맞은 수를 써넣으세요.

1

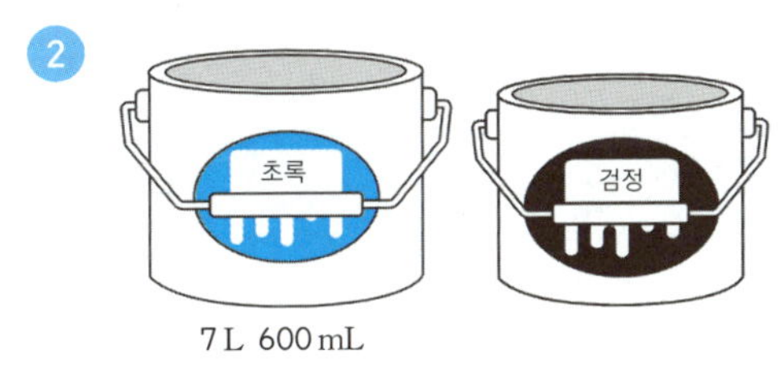

포도 주스 1 L 500 mL와 망고 주스 2 L 200 mL가 있습니다. 포도 주스와 망고 주스는 모두 ☐ L ☐ mL입니다.

2

초록색 페인트가 7 L 600 mL 있고, 검은색 페인트는 초록색 페인트보다 1 L 700 mL 더 적게 들어 있습니다. 검은색 페인트는 ☐ L ☐ mL 있습니다.

3

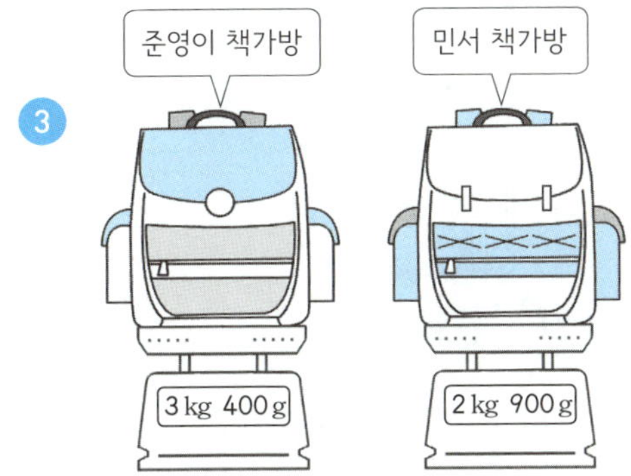

준영이와 민서의 책가방의 무게를 각각 재었습니다. 준영이 책가방과 민서 책가방의 무게는 모두 ☐ kg ☐ g입니다.

4

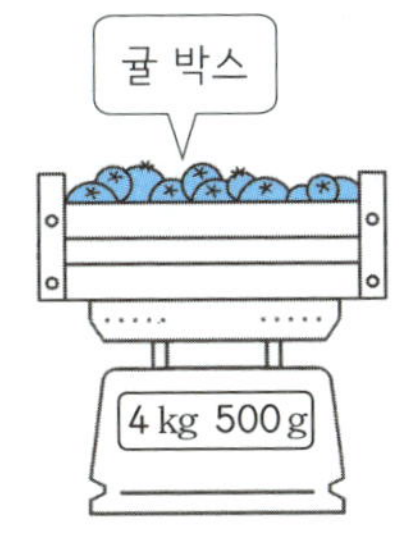

멜론 박스와 귤 박스의 무게를 각각 재었습니다. 멜론 박스는 귤 박스보다 ☐ kg ☐ g 더 무겁습니다.

오렌지 원액과 물을 섞어서 오렌지 주스를 만들었습니다. 만든 오렌지 주스의 양과 가족들이 마시고 남은 오렌지 주스의 양은 각각 얼마인지 구하세요.

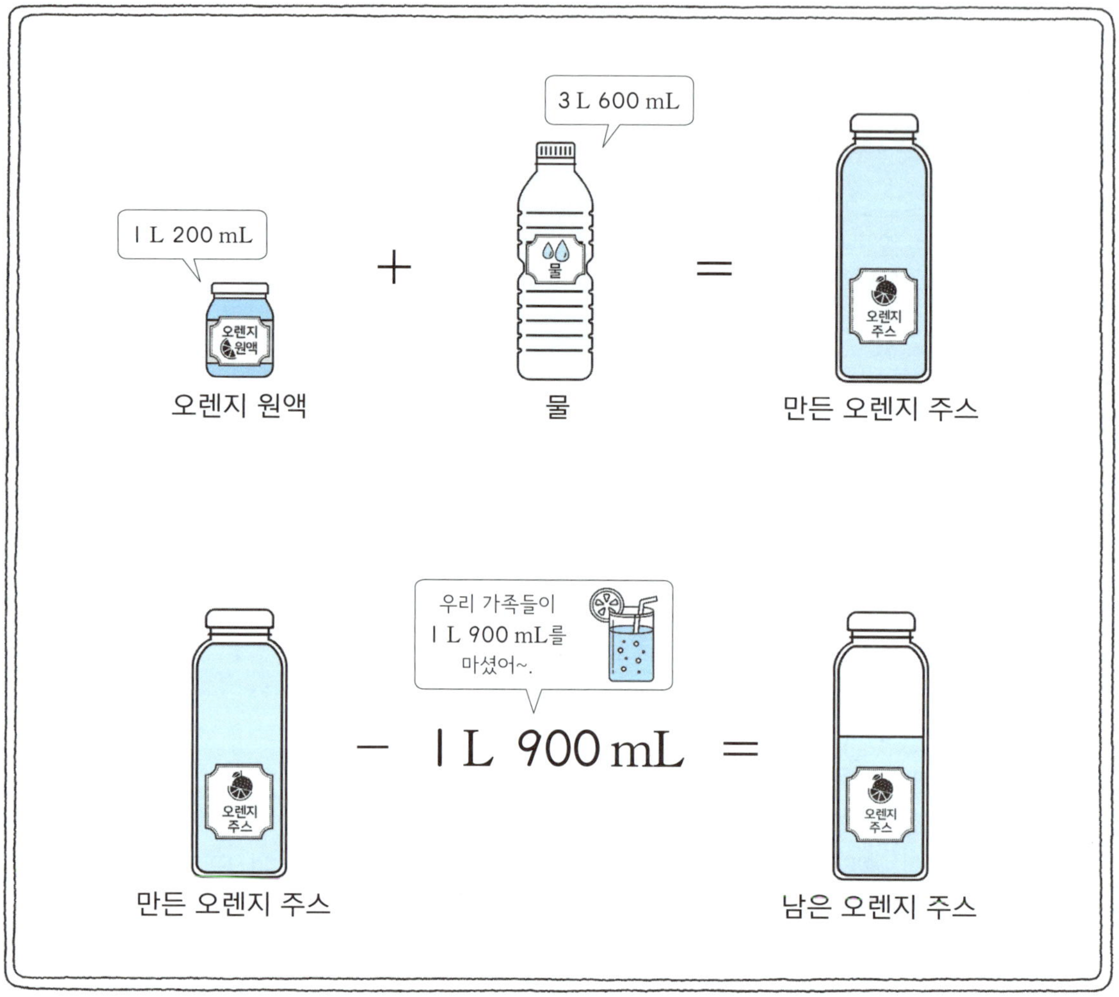

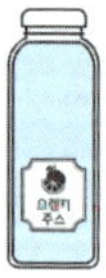
만든 오렌지 주스의 양
: ☐ L ☐ mL

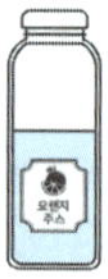
마시고 남은 오렌지 주스의 양
: ☐ L ☐ mL

통과 문제

 □ 안에 알맞은 수를 써넣으세요.

1 5 L = ⬚ mL

2 2 L 500 mL = ⬚ mL

3 5100 mL = ⬚ L ⬚ mL

4 8012 mL = ⬚ L ⬚ mL

5 3000 g = ⬚ kg

6 2 kg 700 g = ⬚ g

7 6050 g = ⬚ kg ⬚ g

8 7004 g = ⬚ kg ⬚ g

9
```
    4 L  200 mL
+   2 L  900 mL
─────────────────
    ⬚ L   ⬚ mL
```

10
```
    5 L  500 mL
−   3 L  700 mL
─────────────────
    ⬚ L   ⬚ mL
```

11
```
    1 kg  800 g
+   3 kg  300 g
─────────────────
    ⬚ kg   ⬚ g
```

12
```
    8 kg  200 g
−   5 kg  800 g
─────────────────
    ⬚ kg   ⬚ g
```

13 진우네 반 학생들은 딸기 우유 2 L 500 mL와 초코 우유 3 L 200 mL를 남김없이 먹었습니다. 진우네 반 학생들이 먹은 우유는 모두 ⬚ L ⬚ mL입니다.

바빠 시리즈 초·중등 수학 교재 한눈에 보기

유아~취학 전	1학년	2학년	3학년

7살 첫 수학

초등 입학 준비 첫 수학

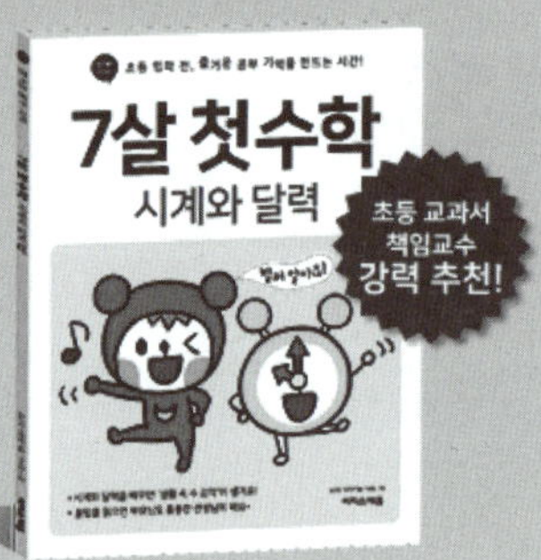

① 100까지의 수
② 20까지 수의 덧셈 뺄셈
③ 100까지 수의 덧셈 뺄셈
★ 시계와 달력
★ 동전과 지폐 세기
★ 길이와 무게 재기

바빠 교과서 연산 | 학교 진도 맞춤 연산

▶ 가장 쉬운 교과 연계용 수학책
▶ 수학 학원 원장님들의 연산 꿀팁 수록!
▶ 한 학기에 필요한 연산만 모아 계산 속도가 빨라진다.

1~6학년 학기별 각 1권 | 전 12권

나 혼자 푼다 바빠 수학 문장제 | 학교 시험 문장제, 서술형 완벽 대비

▶ 빈칸을 채우면 풀이와 답 완성!
▶ 교과서 대표 유형 집중 훈련
▶ 대화식 도움말이 담겨 있어, 혼자 공부하기 좋은 책

1~6학년 학기별 각 1권 | 전 12권

베스트셀러

구구단, 시계와 시간   길이와 시간 계산, 곱셈

바빠 연산법 | 10일에 완성하는 영역별 연산 총정리

▶ 결손 보강용 영역별 연산 책
▶ 취약한 연산만 집중 훈련
▶ 시간이 절약되는 똑똑한 훈련법!

예비초~6학년 영역별 | 전 27권

4학년	5학년	6학년	중학생

바빠 중학연산

1학기 수학 기초 완성

1~3학년 각 2권 (전 6권)

*교과서 순서와 똑같아 공부하기 좋아요!

바빠 중학도형

2학기 수학 기초 완성

1~3학년 각 1권 (전 3권)

학년별 인기 도서

나눗셈, 분수, 소수, 방정식 | 약수와 배수, 분수, 소수 | 비와 비례, 방정식

바빠 중학수학 총정리

고등수학에서 필요한 것만 콕!

수학 총정리 BEST 1위

중학 3개년 총정리 (전 1권)

※ '바빠 초등 수학 총정리'와 '바빠 중학 일차방정식', '바빠 중학 일차함수', '바빠 중학도형 총정리'도 있어요!

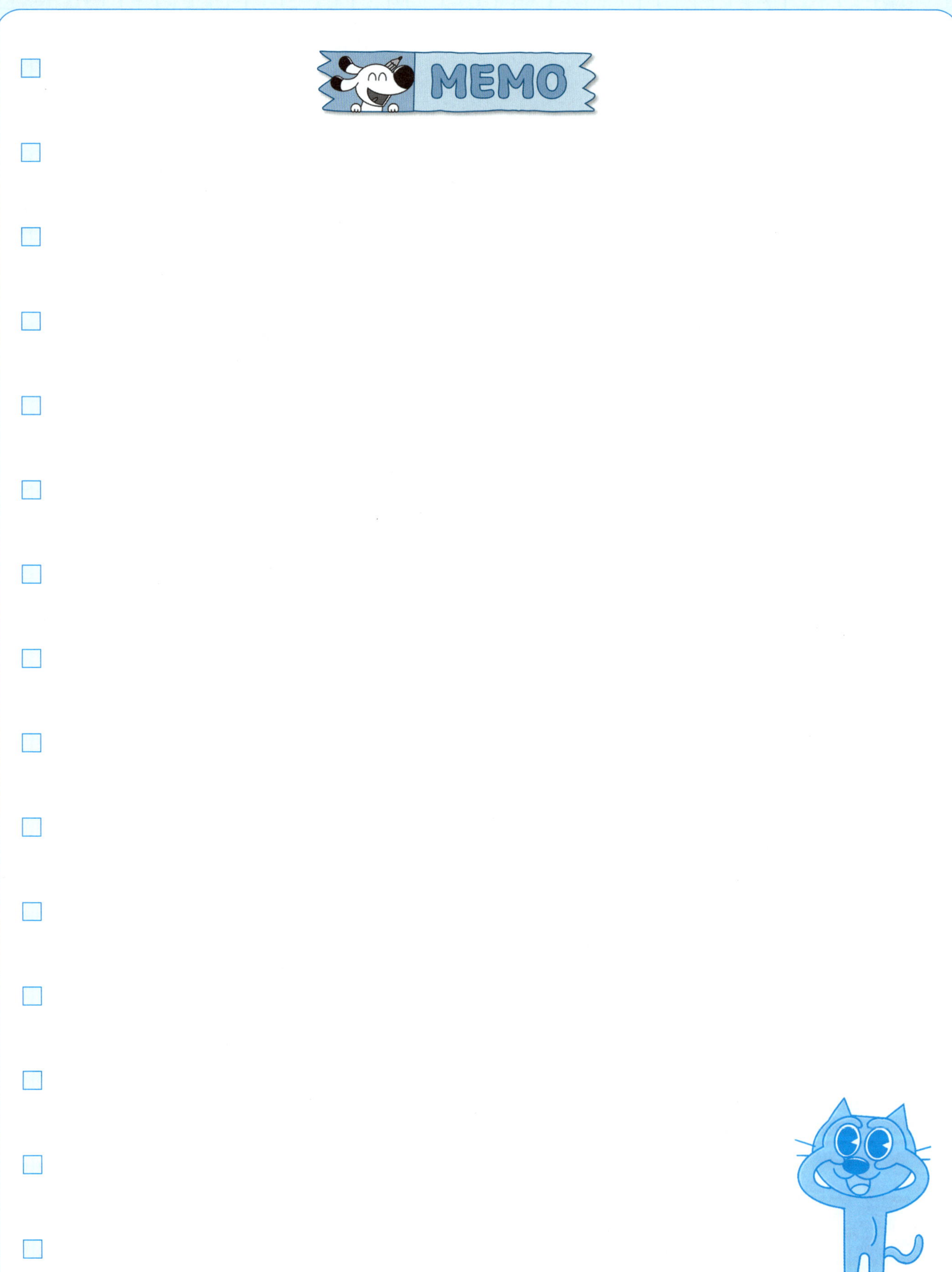
MEMO

초등 수학 공부, 이렇게 하면 효과적!

"펑펑 내려야 눈이 쌓이듯 공부도 집중해야 실력이 쌓인다!"

학교 다닐 때는? | 학기별 연산책 '바빠 교과서 연산'

'바빠 교과서 연산'부터 시작하세요. 학기별 진도에 딱 맞춘 쉬운 연산 책이니까요! 방학 동안 다음 학기 선행을 준비할 때도 '바빠 교과서 연산'으로 시작하세요! 교과서 순서대로 빠르게 공부할 수 있어, 첫 번째 수학 책으로 추천합니다.

시험이나 서술형 대비는? | '나 혼자 푼다 바빠 수학 문장제'

학교 시험을 대비하고 싶다면 '나 혼자 푼다 수학 문장제'로 공부하세요. 너무 어렵지도 쉽지도 않은 딱 적당한 난이도로, 빈칸을 채우면 풀이 과정이 완성됩니다! 막막하지 않아요~ 요즘 학교 시험 풀이 과정을 손쉽게 연습할 수 있습니다.

방학 때는? | 10일 완성 영역별 연산책 '바빠 연산법'

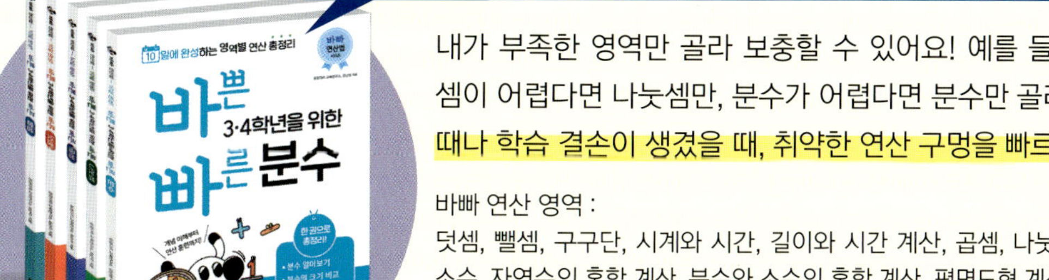

내가 부족한 영역만 골라 보충할 수 있어요! 예를 들어 4학년인데 나눗셈이 어렵다면 나눗셈만, 분수가 어렵다면 분수만 골라 훈련하세요. 방학 때나 학습 결손이 생겼을 때, 취약한 연산 구멍을 빠르게 메꿀 수 있어요!

바빠 연산 영역 :
덧셈, 뺄셈, 구구단, 시계와 시간, 길이와 시간 계산, 곱셈, 나눗셈, 약수와 배수, 분수, 소수, 자연수의 혼합 계산, 분수와 소수의 혼합 계산, 평면도형 계산, 입체도형 계산, 비와 비례, 방정식, 확률과 통계, 19단

바빠 ^{시리즈} 초등 학년별 추천 도서

학년	학기별 연산책 바빠 교과서 연산 학기 중, 선행용으로 추천!	나 혼자 푼다 바빠 수학 문장제 학교 시험 서술형 완벽 대비!
1학년	·바빠 교과서 연산 1-1 ·바빠 교과서 연산 1-2	·나 혼자 푼다 바빠 수학 문장제 1-1 ·나 혼자 푼다 바빠 수학 문장제 1-2
2학년	·바빠 교과서 연산 2-1 ·바빠 교과서 연산 2-2	·나 혼자 푼다 바빠 수학 문장제 2-1 ·나 혼자 푼다 바빠 수학 문장제 2-2
3학년	·바빠 교과서 연산 3-1 ·바빠 교과서 연산 3-2	·나 혼자 푼다 바빠 수학 문장제 3-1 ·나 혼자 푼다 바빠 수학 문장제 3-2
4학년	·바빠 교과서 연산 4-1 ·바빠 교과서 연산 4-2	·나 혼자 푼다 바빠 수학 문장제 4-1 ·나 혼자 푼다 바빠 수학 문장제 4-2
5학년	·바빠 교과서 연산 5-1 ·바빠 교과서 연산 5-2	·나 혼자 푼다 바빠 수학 문장제 5-1 ·나 혼자 푼다 바빠 수학 문장제 5-2
6학년	·바빠 교과서 연산 6-1 ·바빠 교과서 연산 6-2	·나 혼자 푼다 바빠 수학 문장제 6-1 ·나 혼자 푼다 바빠 수학 문장제 6-2

이번 학기 공부 습관을 만드는 첫 연산 책!

바빠 교과서 연산

바쁜 친구들이 즐거워지는
빠른 학습법

3-2

정답 및 풀이

이지스에듀

이번 학기
공부 습관을 만드는
첫 연산 책!

01 올림이 없는 (세 자리 수)×(한 자리 수)는 쉬워

곱셈을 하세요.

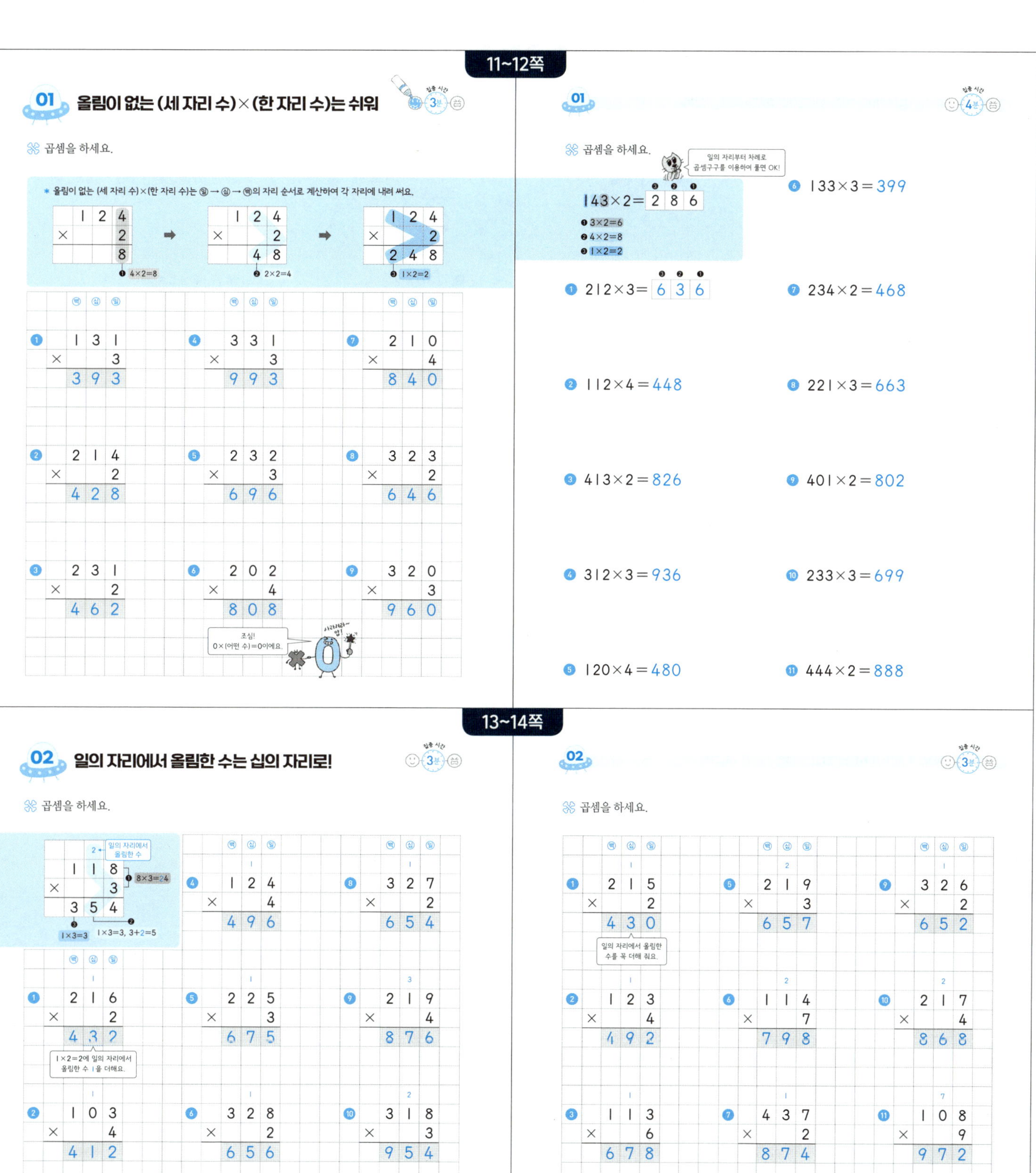

01

곱셈을 하세요.

02 일의 자리에서 올림한 수는 십의 자리로!

곱셈을 하세요.

02

곱셈을 하세요.

03 일의 자리에서 올림이 있는 곱셈 집중 연습

⚜ 곱셈을 하세요.

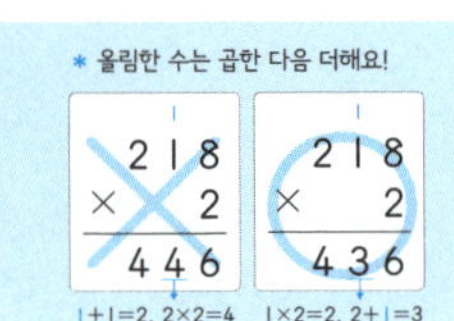

④
```
  1 2 8
×     3
  3 8 4
```

⑧
```
  3 1 6
×     3
  9 4 8
```

①
```
  2 3 7
×     2
  4 7 4
```


⑤
```
  1 1 6
×     5
  5 8 0
```

⑨
```
  4 3 8
×     2
  8 7 6
```

②
```
  2 1 6
×     4
  8 6 4
```

⑥
```
  2 2 4
×     3
  6 7 2
```

⑩ ❗앗 실수
```
  1 0 7
×     9
  9 6 3
```


③
```
  1 1 3
×     7
  7 9 1
```

⑦
```
  1 1 3
×     6
  6 7 8
```

⑪
```
  1 0 9
×     6
  6 5 4
```

03

⚜ 곱셈을 하세요.

⑥ $327 \times 2 = 654$

① $236 \times 2 = 472$

⑦ $114 \times 5 = 570$

② $218 \times 3 = 654$

⑧ $115 \times 6 = 690$

③ $112 \times 7 = 784$

⑨ $319 \times 3 = 957$

④ $215 \times 4 = 860$

⑩ $216 \times 4 = 864$

⑤ $209 \times 4 = 836$

⑪ $418 \times 2 = 836$

---

04 십의 자리에서 올림한 수는 백의 자리로!

⚜ 곱셈을 하세요.

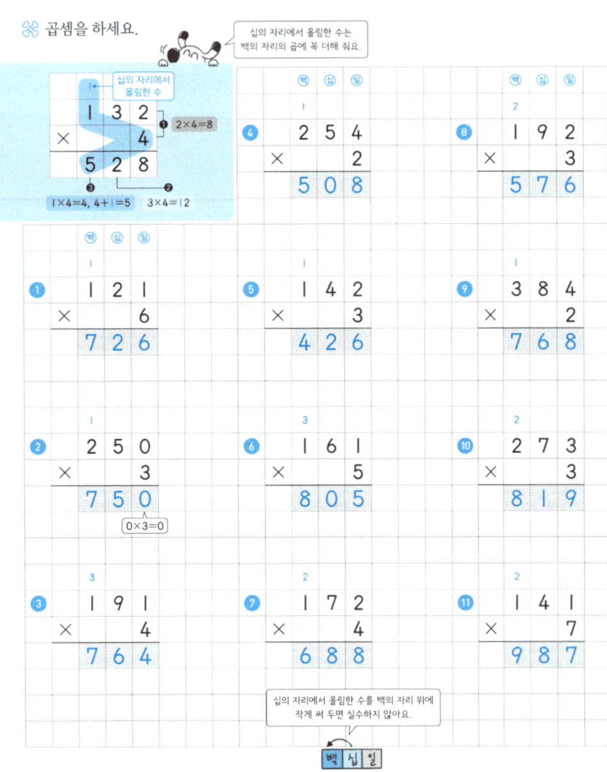

④
```
  2 5 4
×     2
  5 0 8
```

⑧
```
  1 9 2
×     3
  5 7 6
```

①
```
  1 2 1
×     6
  7 2 6
```

⑤
```
  1 4 2
×     3
  4 2 6
```

⑨
```
  3 8 4
×     2
  7 6 8
```

②
```
  2 5 0
×     3
  7 5 0
```
0×3=0

⑥
```
  1 6 1
×     5
  8 0 5
```

⑩
```
  2 7 3
×     3
  8 1 9
```

③
```
  1 9 1
×     4
  7 6 4
```

⑦
```
  1 7 2
×     4
  6 8 8
```

⑪
```
  1 4 1
×     7
  9 8 7
```

04

⚜ 곱셈을 하세요.

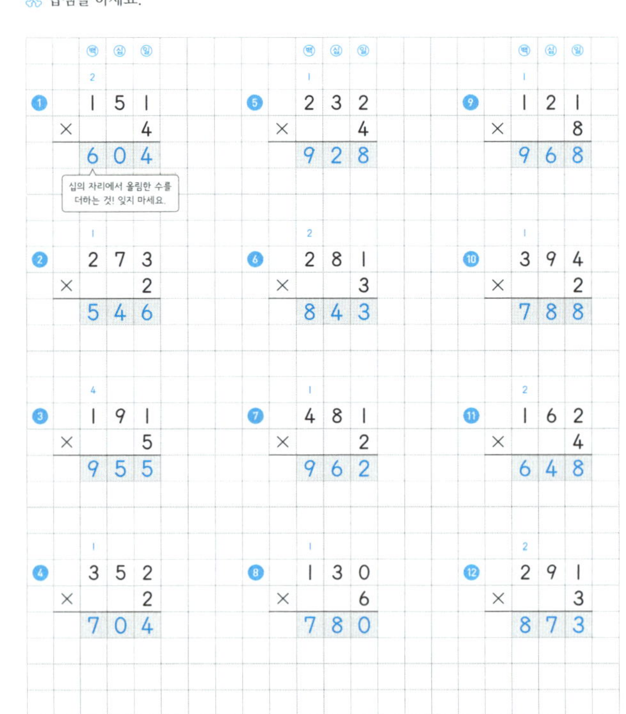

①
```
  1 5 1
×     4
  6 0 4
```


⑤
```
  2 3 2
×     4
  9 2 8
```

⑨
```
  1 2 1
×     8
  9 6 8
```

②
```
  2 7 3
×     2
  5 4 6
```

⑥
```
  2 8 1
×     3
  8 4 3
```

⑩
```
  3 9 4
×     2
  7 8 8
```

③
```
  1 9 1
×     5
  9 5 5
```

⑦
```
  4 8 1
×     2
  9 6 2
```

⑪
```
  1 6 2
×     4
  6 4 8
```

④
```
  3 5 2
×     2
  7 0 4
```

⑧
```
  1 3 0
×     6
  7 8 0
```

⑫
```
  2 9 1
×     3
  8 7 3
```

05 십의 자리에서 올림이 있는 곱셈 집중 연습

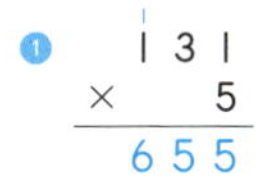

※ 곱셈을 하세요.

①
$$131 \times 5 = 655$$

⑤
$$152 \times 4 = 608$$

②
$$231 \times 4 = 924$$

⑥
$$171 \times 5 = 855$$

⑨
$$292 \times 3 = 876$$

③
$$143 \times 3 = 429$$

⑦
$$293 \times 2 = 586$$

⑩
$$161 \times 6 = 966$$

④
$$121 \times 7 = 847$$

⑧
$$283 \times 3 = 849$$

⑪
$$494 \times 2 = 988$$

05

※ 곱셈을 하세요.

$$164 \times 2 = 328$$

- $4 \times 2 = 8$
- $6 \times 2 = 12$
- $1 \times 2 = 2,\ 2 + 1 = 3$

①
$$182 \times 3 = 546$$

⑥
$$172 \times 3 = 516$$

⑦
$$362 \times 2 = 724$$

②
$$170 \times 4 = 680$$

⑧
$$373 \times 2 = 746$$

③
$$151 \times 5 = 755$$

⑨
$$192 \times 4 = 768$$

④
$$241 \times 3 = 723$$

⑩
$$131 \times 7 = 917$$

⑤
$$121 \times 8 = 968$$

⑪
$$393 \times 2 = 786$$

---

06 백의 자리에서 올림한 수는 천의 자리에 바로 써

※ 곱셈을 하세요.

$$523 \times 2 = 1046$$

- $3 \times 2 = 6$
- $2 \times 2 = 4$
- $5 \times 2 = 10$

④
$$743 \times 2 = 1486$$

⑧
$$310 \times 6 = 1860$$

①
$$312 \times 4 = 1248$$

⑤
$$812 \times 3 = 2436$$

⑨
$$622 \times 4 = 2488$$

②
$$841 \times 2 = 1682$$

⑥
$$521 \times 4 = 2084$$

⑩
$$832 \times 3 = 2496$$

③
$$632 \times 3 = 1896$$

⑦
$$801 \times 5 = 4005$$

⑪
$$411 \times 7 = 2877$$

06

※ 곱셈을 하세요.

①
$$421 \times 3 = 1263$$

⑤
$$311 \times 8 = 2488$$

②
$$913 \times 2 = 1826$$

⑥
$$822 \times 4 = 3288$$

⑨
$$910 \times 7 = 6370$$

③
$$501 \times 7 = 3507$$

⑦
$$734 \times 2 = 1468$$

⑩
$$601 \times 8 = 4808$$

④
$$610 \times 9 = 5490$$

⑧
$$411 \times 6 = 2466$$

⑪
$$810 \times 9 = 7290$$

07 올림이 있으면 올림한 수를 꼭 더하자

걸린 시간 4분

❀ 곱셈을 하세요.

① $223 \times 4 = 892$

⑦ $522 \times 4 = 2088$

② $164 \times 2 = 328$

⑧ $346 \times 2 = 692$

③ $512 \times 3 = 1536$

⑨ $281 \times 3 = 843$

④ $117 \times 4 = 468$

⑩ $934 \times 2 = 1868$

⑤ $161 \times 5 = 805$

⑪ $327 \times 3 = 981$

⑥ $429 \times 2 = 858$

⑫ $812 \times 4 = 3248$

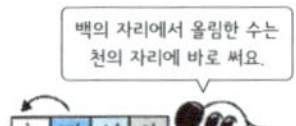

07

걸린 시간 5분

❀ 빈칸에 알맞은 수를 써넣으세요.

① $102 \xrightarrow{\times 9} 918$

⑤ $163 \xrightarrow{\times 2} 326$

⑨ $722 \xrightarrow{\times 3} 2166$

② $241 \xrightarrow{\times 3} 723$

⑥ $520 \xrightarrow{\times 4} 2080$

⑩ $217 \xrightarrow{\times 3} 651$

③ $621 \xrightarrow{\times 4} 2484$

⑦ $113 \xrightarrow{\times 6} 678$

⑪ $141 \xrightarrow{\times 5} 705$

④ $428 \xrightarrow{\times 2} 856$

⑧ $293 \xrightarrow{\times 3} 879$

⑫ $701 \xrightarrow{\times 9} 6309$

---

08 올림이 두 번 있는 (세 자리 수)×(한 자리 수)

걸린 시간 4분

❀ 곱셈을 하세요.

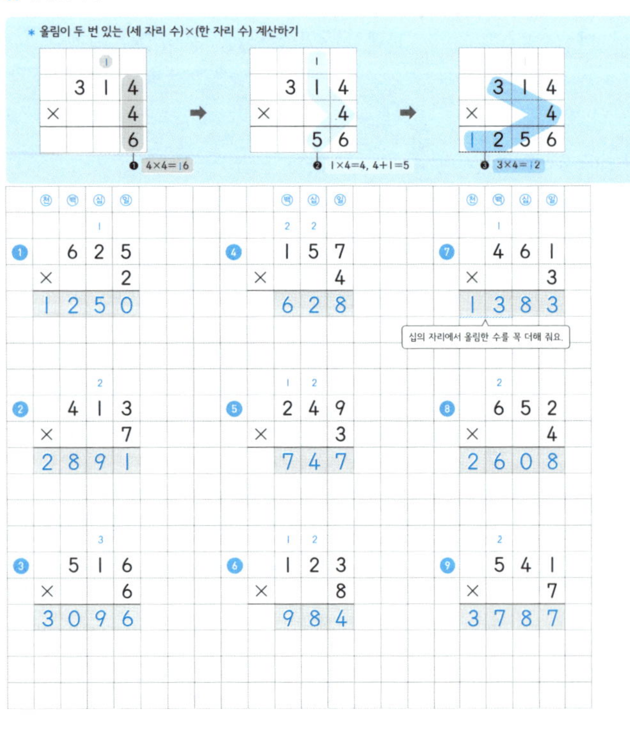

❀ 올림이 두 번 있는 (세 자리 수)×(한 자리 수) 계산하기

①
$$\begin{array}{r} 625 \\ \times\ \ \ 2 \\ \hline 1250 \end{array}$$

②
$$\begin{array}{r} 413 \\ \times\ \ \ 7 \\ \hline 2891 \end{array}$$

③
$$\begin{array}{r} 516 \\ \times\ \ \ 6 \\ \hline 3096 \end{array}$$

④
$$\begin{array}{r} 157 \\ \times\ \ \ 4 \\ \hline 628 \end{array}$$

⑤
$$\begin{array}{r} 249 \\ \times\ \ \ 3 \\ \hline 747 \end{array}$$

⑥
$$\begin{array}{r} 123 \\ \times\ \ \ 8 \\ \hline 984 \end{array}$$

⑦
$$\begin{array}{r} 461 \\ \times\ \ \ 3 \\ \hline 1383 \end{array}$$

⑧
$$\begin{array}{r} 652 \\ \times\ \ \ 4 \\ \hline 2608 \end{array}$$

⑨
$$\begin{array}{r} 541 \\ \times\ \ \ 7 \\ \hline 3787 \end{array}$$

08

걸린 시간 4분

❀ 곱셈을 하세요.

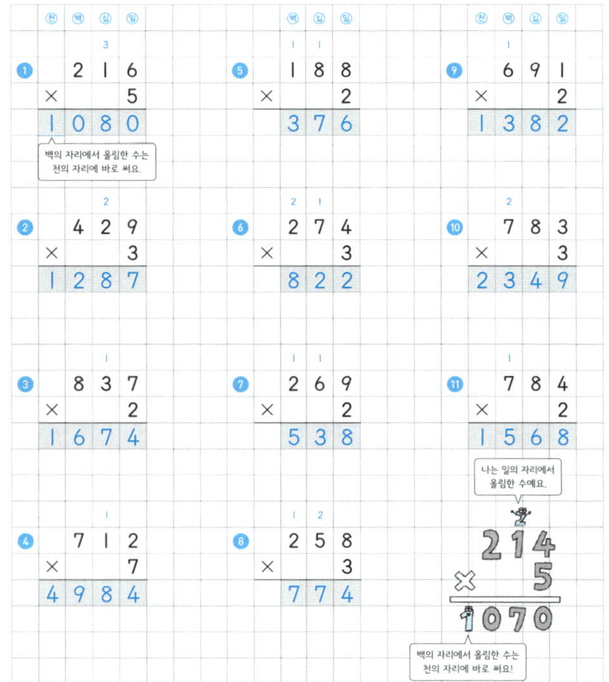

①
$$\begin{array}{r} 216 \\ \times\ \ \ 5 \\ \hline 1080 \end{array}$$

②
$$\begin{array}{r} 429 \\ \times\ \ \ 3 \\ \hline 1287 \end{array}$$

③
$$\begin{array}{r} 837 \\ \times\ \ \ 2 \\ \hline 1674 \end{array}$$

④
$$\begin{array}{r} 712 \\ \times\ \ \ 7 \\ \hline 4984 \end{array}$$

⑤
$$\begin{array}{r} 188 \\ \times\ \ \ 2 \\ \hline 376 \end{array}$$

⑥
$$\begin{array}{r} 274 \\ \times\ \ \ 3 \\ \hline 822 \end{array}$$

⑦
$$\begin{array}{r} 269 \\ \times\ \ \ 2 \\ \hline 538 \end{array}$$

⑧
$$\begin{array}{r} 258 \\ \times\ \ \ 3 \\ \hline 774 \end{array}$$

⑨
$$\begin{array}{r} 691 \\ \times\ \ \ 2 \\ \hline 1382 \end{array}$$

⑩
$$\begin{array}{r} 783 \\ \times\ \ \ 3 \\ \hline 2349 \end{array}$$

⑪
$$\begin{array}{r} 784 \\ \times\ \ \ 2 \\ \hline 1568 \end{array}$$

⑫
$$\begin{array}{r} 214 \\ \times\ \ \ 5 \\ \hline 1070 \end{array}$$

09 올림이 두 번 있는 가로셈도 빠르게

집중 시간 5분

※ 곱셈을 하세요.

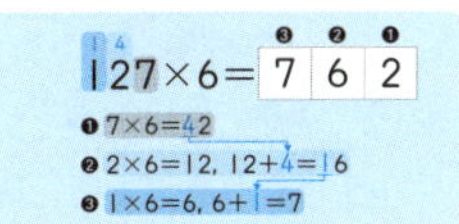

$127 \times 6 = 762$

❶ $7 \times 6 = 42$
❷ $2 \times 6 = 12,\ 12 + 4 = 16$
❸ $1 \times 6 = 6,\ 6 + 1 = 7$

❶ $496 \times 2 = 992$

❷ $183 \times 4 = 732$

❸ $148 \times 5 = 740$

❹ $134 \times 7 = 938$

❺ $425 \times 3 = 1275$

❻ $512 \times 8 = 4096$

❼ $407 \times 9 = 3663$

❽ $821 \times 6 = 4926$

❾ $952 \times 4 = 3808$

❿ $751 \times 6 = 4506$

09

집중 시간 5분

※ 곱셈을 하세요.

❶ $124 \times 6 = 744$

❷ $193 \times 5 = 965$

❸ $174 \times 4 = 696$

❹ $541 \times 7 = 3787$

❺ $816 \times 4 = 3264$

❻ $614 \times 7 = 4298$

❼ $623 \times 4 = 2492$

❽ $915 \times 6 = 5490$

❾ $831 \times 6 = 4986$

❿ $971 \times 8 = 7768$

⓫ $651 \times 9 = 5859$

⓬ $561 \times 8 = 4488$

10 올림이 두 번 있는 곱셈 집중 연습

집중 시간 4분

※ 곱셈을 하세요.

❶
```
   2 4 6
 ×     3
 ─────────
   7 3 8
```

❷
```
   2 3 7
 ×     4
 ─────────
   9 4 8
```

❸
```
   6 8 3
 ×     2
 ─────────
 1 3 6 6
```

❹
```
   3 1 8
 ×     5
 ─────────
 1 5 9 0
```

❺
```
   1 6 2
 ×     6
 ─────────
   9 7 2
```

❻
```
   8 0 5
 ×     3
 ─────────
 2 4 1 5
```

❼
```
   5 6 1
 ×     7
 ─────────
 3 9 2 7
```

❽
```
   6 9 1
 ×     4
 ─────────
 2 7 6 4
```

❾
```
   1 9 7
 ×     3
 ─────────
   5 9 1
```

❿
```
   3 3 2
 ×     4
 ─────────
 1 3 2 8
```

⓫
```
   2 1 4
 ×     6
 ─────────
 1 2 8 4
```

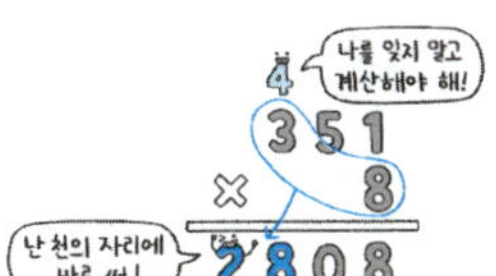

10

집중 시간 5분

※ 세로셈으로 나타내고, 곱셈을 하세요.

❶ 196×2
```
   1 9 6
 ×     2
 ─────────
   3 9 2
```


❷ 289×2
```
   2 8 9
 ×     2
 ─────────
   5 7 8
```

❸ 245×4
```
   2 4 5
 ×     4
 ─────────
   9 8 0
```

❹ 128×6
```
   1 2 8
 ×     6
 ─────────
   7 6 8
```

❺ 215×6
```
   2 1 5
 ×     6
 ─────────
 1 2 9 0
```

❻ 613×4
```
   6 1 3
 ×     4
 ─────────
 2 4 5 2
```

❼ 513×7
```
   5 1 3
 ×     7
 ─────────
 3 5 9 1
```

❽ 814×5
```
   8 1 4
 ×     5
 ─────────
 4 0 7 0
```

❾ 752×3
```
   7 5 2
 ×     3
 ─────────
 2 2 5 6
```

❿ 441×8
```
   4 4 1
 ×     8
 ─────────
 3 5 2 8
```

⓫ 861×6
```
   8 6 1
 ×     6
 ─────────
 5 1 6 6
```

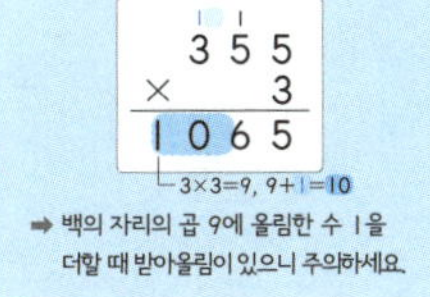
```
   3 5 5
 ×     3
 ─────────
 1 0 6 5
```
$3 \times 3 = 9,\ 9 + 1 = 10$

➡ 백의 자리의 곱 9에 올림한 수 1을
더할 때 받아올림이 있으니 주의하세요

11. 올림이 세 번 있는 (세 자리 수)×(한 자리 수)

걸린 시간 5분

❀ 곱셈을 하세요.

* 올림이 세 번 있는 (세 자리 수)×(한 자리 수) 계산하기

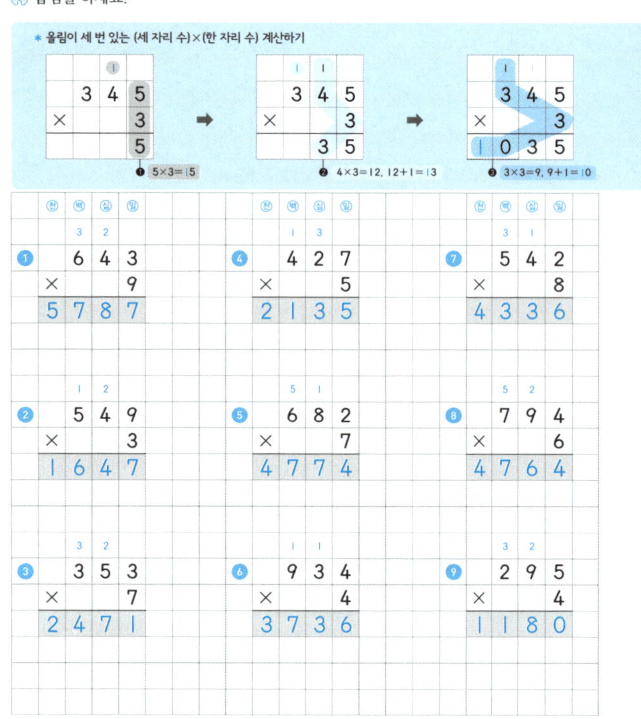

$$345 \times 3 = 1035$$
- $5 \times 3 = 15$
- $4 \times 3 = 12,\ 12+1=13$
- $3 \times 3 = 9,\ 9+1=10$

① $643 \times 9 = 5787$
② $549 \times 3 = 1647$
③ $353 \times 7 = 2471$
④ $427 \times 5 = 2135$
⑤ $682 \times 7 = 4774$
⑥ $934 \times 4 = 3736$
⑦ $542 \times 8 = 4336$
⑧ $794 \times 6 = 4764$
⑨ $295 \times 4 = 1180$

11

걸린 시간 5분

❀ 곱셈을 하세요. 올림이 3번 있으니 주의해서 풀어 봐요.

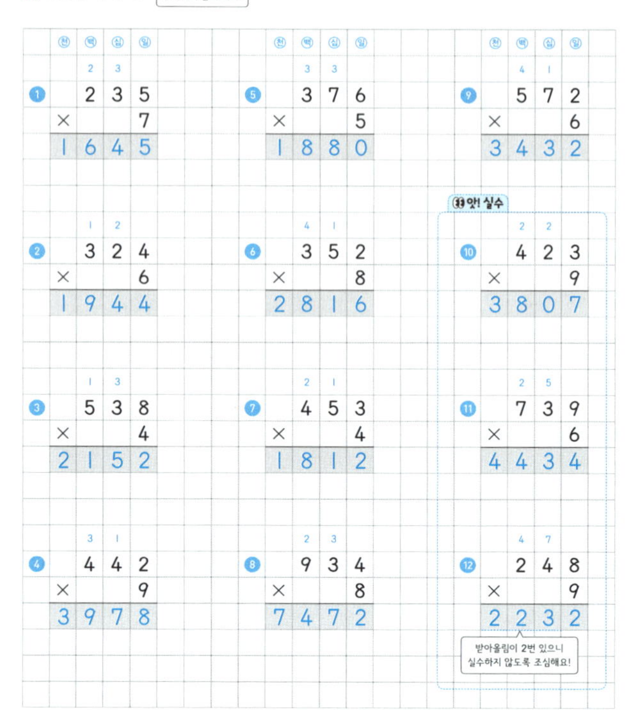

① $235 \times 7 = 1645$
② $324 \times 6 = 1944$
③ $538 \times 4 = 2152$
④ $442 \times 9 = 3978$
⑤ $376 \times 5 = 1880$
⑥ $352 \times 8 = 2816$
⑦ $453 \times 4 = 1812$
⑧ $934 \times 8 = 7472$
⑨ $572 \times 6 = 3432$
⑩ 앗! 실수 $423 \times 9 = 3807$
⑪ $739 \times 6 = 4434$
⑫ $248 \times 9 = 2232$

받아올림이 2번 있으니 실수하지 않도록 조심해요!

12. 올림이 세 번 있는 곱셈은 어려우니 한 번 더!

걸린 시간 5분

❀ 곱셈을 하세요.

① $648 \times 3 = 1944$
② $325 \times 6 = 1950$
③ $957 \times 2 = 1914$
④ $333 \times 9 = 2997$
⑤ $256 \times 7 = 1792$
⑥ $384 \times 3 = 1152$
⑦ $498 \times 4 = 1992$
⑧ $274 \times 8 = 2192$
⑨ $678 \times 7 = 4746$
⑩ $236 \times 9 = 2124$
⑪ $777 \times 8 = 6216$

올림한 수를 더하는 과정에서 받아올림이 있을 수 있으니 차근차근 계산해 봐요.

12

걸린 시간 6분

❀ 곱셈을 하세요. 올림이 세 번 있는 곱셈은 실수하기 쉬워요. 세로셈으로 바꾸어 차근차근 풀어 보세요.

① $457 \times 3 = 1371$
② $236 \times 5 = 1180$
③ $683 \times 4 = 2732$
④ $529 \times 6 = 3174$
⑤ $354 \times 3 = 1062$
⑥ $865 \times 2 = 1730$
⑦ $675 \times 6 = 4050$
⑧ $344 \times 7 = 2408$
⑨ $427 \times 9 = 3843$
⑩ $967 \times 8 = 7736$
⑪ $759 \times 9 = 6831$
⑫ $264 \times 4 = 1056$

13 올림이 여러 번 있는 곱셈 집중 연습

※ 세로셈으로 나타내고, 곱셈을 하세요.

1 152×6
```
  3 1
  1 5 2
×     6
  9 1 2
```

5 286×3
```
  2 1
  2 8 6
×     3
  8 5 8
```

9 134×8
```
  2 3
  1 3 4
×     8
1 0 7 2
```

2 312×5
```
    1
  3 1 2
×     5
1 5 6 0
```

6 543×4
```
  1 1
  5 4 3
×     4
2 1 7 2
```

10 207×8
```
      5
  2 0 7
×     8
1 6 5 6
```

3 392×4
```
    3
  3 9 2
×     4
1 5 6 8
```

7 642×3
```
    1
  6 4 2
×     3
1 9 2 6
```

11 691×6
```
      5
  6 9 1
×     6
4 1 4 6
```

4 384×3
```
  2 1
  3 8 4
×     3
1 1 5 2
```

8 458×3
```
    1 2
  4 5 8
×     3
1 3 7 4
```

12 437×9
```
  3 6
  4 3 7
×     9
3 9 3 3
```

13

※ 곱셈을 하세요.

1
```
  1 1
  2 8 5
×     2
  5 7 0
```

5
```
  1 1
  2 6 5
×     2
  5 3 0
```

2
```
    2
  6 2 7
×     3
1 8 8 1
```

6
```
    3
  7 1 8
×     4
2 8 7 2
```

9 527×3 = 1581

3
```
    2
  8 7 2
×     3
2 6 1 6
```

7
```
    2
  9 6 1
×     4
3 8 4 4
```

10 146×7 = 1022

4
```
    2 1
  3 8 4
×     3
1 1 5 2
```

8
```
    3 2
  6 4 3
×     8
5 1 4 4
```

11 236×9 = 2124

14 생활 속 연산 – 곱셈(1)

※ 그림을 보고 □ 안에 알맞은 수를 써넣으세요.

1  서점에서 한 권에 139쪽인 연산 문제집 2권을 샀습니다. 2권의 문제집은 모두 **278** 쪽입니다.

2  295원짜리 사탕 3개의 가격은 **885** 원입니다.

3  한 조각의 열량이 324 킬로칼로리인 케이크 5조각의 열량은 모두 **1620** 킬로칼로리입니다.

4 서진이가 하루에 3끼씩 매일 먹는다면 1년 동안 모두 **1095** 끼를 먹습니다. 1년은 365일이에요.

14 꿀떡 | 연산 간식

※ 곱셈을 한 결과로 빈칸을 채워서 숫자 퍼즐을 완성하세요.

퍼즐 정답:
```
          ꘒ9
      ꘒ6 0        서1
    내4 5 6    먹1 8 2 4    연9
      1            7      9 2
        훈9 7 2    붕6 8 4
```

가로	세로
내 228×2	꽈 453×2
붕 342×2	꽈 217×3
먹 456×4	서 936×2
훈 162×6	연 132×7
	산 248×2

첫째 마당 통과 문제

*틀린 문제는 꼭 다시 확인하고 넘어가요!

❀ □ 안에 알맞은 수를 써넣으세요.

1차시
① $\begin{array}{r} 3\ 3\ 2 \\ \times\quad\ 3 \\ \hline 9\ 9\ 6 \end{array}$

2차시
② $\begin{array}{r} 3\ 2\ 8 \\ \times\quad\ 2 \\ \hline 6\ 5\ 6 \end{array}$

4차시
③ $\begin{array}{r} 1\ 4\ 1 \\ \times\quad\ 7 \\ \hline 9\ 8\ 7 \end{array}$

6차시
④ $\begin{array}{r} 7\ 1\ 2 \\ \times\quad\ 4 \\ \hline 2\ 8\ 4\ 8 \end{array}$

8차시
⑤ $\begin{array}{r} 1\ 9\ 8 \\ \times\quad\ 3 \\ \hline 5\ 9\ 4 \end{array}$

8차시
⑥ $\begin{array}{r} 5\ 0\ 9 \\ \times\quad\ 2 \\ \hline 1\ 0\ 1\ 8 \end{array}$

8차시
⑦ $\begin{array}{r} 3\ 2\ 1 \\ \times\quad\ 9 \\ \hline 2\ 8\ 8\ 9 \end{array}$

11차시
⑧ $\begin{array}{r} 8\ 7\ 6 \\ \times\quad\ 4 \\ \hline 3\ 5\ 0\ 4 \end{array}$

8차시
⑨ $214 \times 7 = \boxed{1498}$

8차시
⑩ $315 \times 6 = \boxed{1890}$

8차시
⑪ $128 \times 4 = \boxed{512}$

11차시
⑫ $796 \times 5 = \boxed{3980}$

11차시
⑬ $174 \times 9 = \boxed{1566}$

14차시
⑭ 진호는 한 통에 336개씩 들어 있는 구슬 7통을 모두 쏟았습니다. 쏟아진 구슬은 모두 $\boxed{2352}$ 개입니다.

15 곱하는 두 수의 0의 개수의 합 만큼 0을 붙여!

걸린 시간 3분

❀ 곱셈을 하세요.

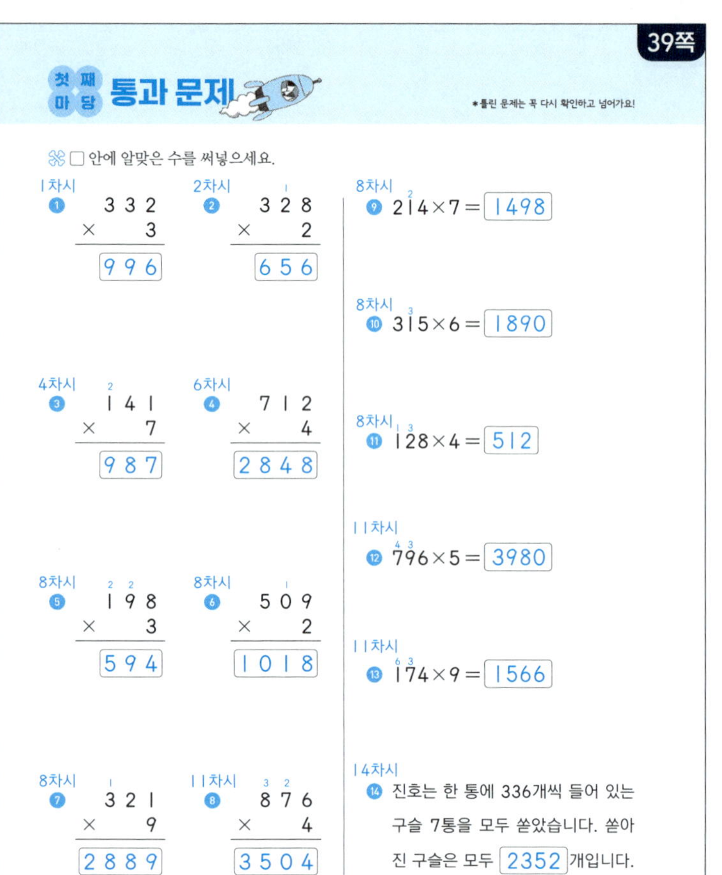

보기
$\begin{array}{r} 3\ 0 \\ \times\ 3\ 0 \\ \hline 9\ 0\ 0 \end{array}$ (3×3)

$\begin{array}{r} 1\ 2 \\ \times\ 4\ 0 \\ \hline 4\ 8\ 0 \end{array}$ (12×4) 먼저 0부터 쓰고 계산해 봐요.

➡ 곱하는 두 수의 0의 개수의 합만큼 0을 붙이면 쉬워요.

① $\begin{array}{r} 4\ 0 \\ \times\ 2\ 0 \\ \hline 8\ 0\ 0 \end{array}$

4×2의 값에 0을 2개 붙여요.

② $\begin{array}{r} 7\ 0 \\ \times\ 5\ 0 \\ \hline 3\ 5\ 0\ 0 \end{array}$ (7×5)

③ $\begin{array}{r} 3\ 0 \\ \times\ 9\ 0 \\ \hline 2\ 7\ 0\ 0 \end{array}$

④ $\begin{array}{r} 3\ 4 \\ \times\ 2\ 0 \\ \hline 6\ 8\ 0 \end{array}$

34×2의 값에 0을 1개 붙여요.

⑤ $\begin{array}{r} 1\ 3 \\ \times\ 3\ 0 \\ \hline 3\ 9\ 0 \end{array}$

⑥ $\begin{array}{r} 1\ 4 \\ \times\ 8\ 0 \\ \hline 1\ 1\ 2\ 0 \end{array}$

1×8=8, 8+3=11

4×8=32에서 올림한 수 3을 작게 쓰면서 계산해요!

⑦ $\begin{array}{r} 3\ 9 \\ \times\ 5\ 0 \\ \hline 1\ 9\ 5\ 0 \end{array}$

⑧ $\begin{array}{r} 7\ 2 \\ \times\ 6\ 0 \\ \hline 4\ 3\ 2\ 0 \end{array}$

⑨ $\begin{array}{r} 2\ 4 \\ \times\ 9\ 0 \\ \hline 2\ 1\ 6\ 0 \end{array}$

⑩ $\begin{array}{r} 4\ 8 \\ \times\ 7\ 0 \\ \hline 3\ 3\ 6\ 0 \end{array}$

15 곱셈을 하세요.

걸린 시간 4분

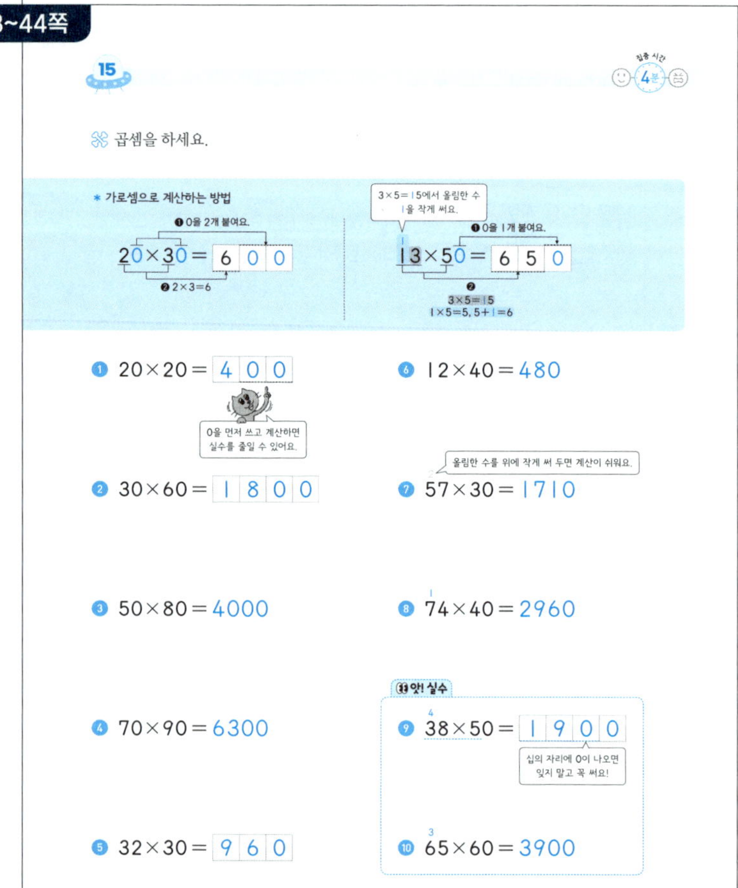

* 가로셈으로 계산하는 방법

❶0을 2개 붙여요.
$20 \times 30 = \boxed{600}$
❷2×3=6

3×5=15에서 올림한 수 1을 작게 써요.
❶0을 1개 붙여요.
$13 \times 50 = \boxed{650}$
❷ 3×5=15, 1×5=5, 5+1=6

① $20 \times 20 = \boxed{400}$

0을 먼저 쓰고 계산하면 실수를 줄일 수 있어요.

② $30 \times 60 = \boxed{1800}$

③ $50 \times 80 = \boxed{4000}$

④ $70 \times 90 = \boxed{6300}$

⑤ $32 \times 30 = \boxed{960}$

⑥ $12 \times 40 = \boxed{480}$

올림한 수를 위에 작게 써 두면 계산이 쉬워요.

⑦ $57 \times 30 = \boxed{1710}$

⑧ $74 \times 40 = \boxed{2960}$

⑨앗! 실수
⑨ $38 \times 50 = \boxed{1900}$

십의 자리에 0이 나오면 잊지 말고 꼭 써요!

⑩ $65 \times 60 = \boxed{3900}$

16 몇십몇은 몇십과 몇으로 나누어 곱하자

곱셈을 하세요.

17 (몇)×(몇십몇)을 가로셈으로 빠르게

곱셈을 하세요.

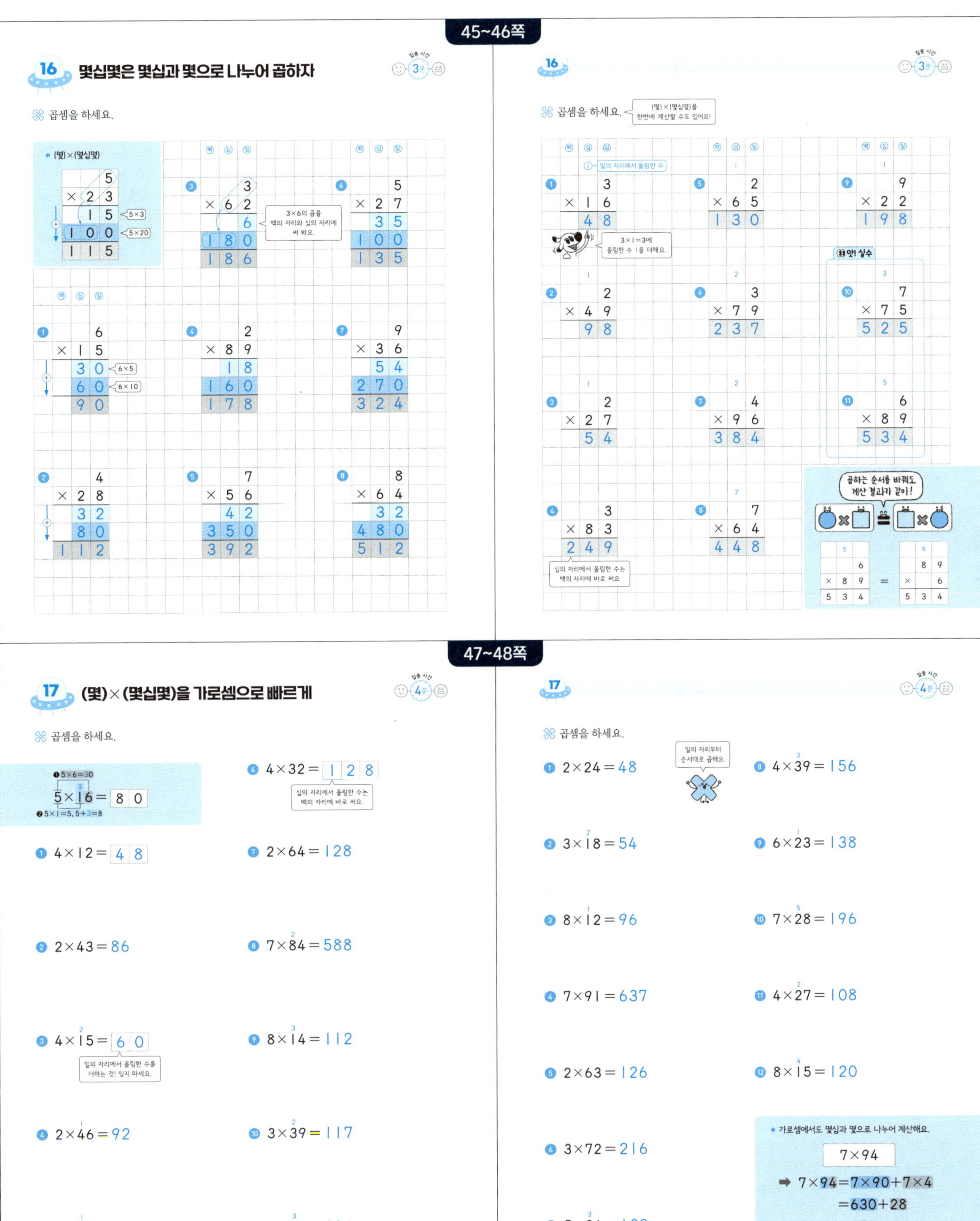

18 올림이 있으면 올림한 수를 꼭 쓰면서 풀자 

❀ 곱셈을 하세요.

❶ 13×4

```
    1 3
  ×   2 4
    5 2   ← 13×4
```

❷ 13×20

```
    1 3
  ×   2 4
    5 2
  2 6 0   ← 13×20
```

❸ ❶과 ❷의 합

```
    1 3
  ×   2 4
    5 2
  2 6 0
  3 1 2
```


곱에 올림이 있어요. / 덧셈에서 받아올림이 있어요.

①
```
    1 7
  ×   1 5
    8 5
  1 7 0
  2 5 5
```


③
```
    2 4
  ×   2 3
    7 2
  4 8 0
  5 5 2
```

⑤
```
    3 1
  ×   2 7
    2 1 7
    6 2 0
    8 3 7
```

②
```
    1 2
  ×   1 8
    9 6
  1 2 0
  2 1 6
```

④
```
    2 1
  ×   3 9
    1 8 9
    6 3 0
    8 1 9
```

⑥
```
    5 1
  ×   1 6
    3 0 6
    5 1 0
    8 1 6
```

18

❀ 곱셈을 하세요.

①
```
    1 6
  ×   2 1
    1 6
  3 2 0
  3 3 6
```


④
```
    1 2
  ×   7 3
    3 6
  8 4 0
  8 7 6
```

⑦
```
    4 1
  ×   8 1
    4 1
  3 2 8 0
  3 3 2 1
```

②
```
    1 4
  ×   3 2
    2 8
  4 2 0
  4 4 8
```

⑤
```
    5 3
  ×   3 1
    5 3
  1 5 9 0
  1 6 4 3
```

⑧
```
    3 1
  ×   7 2
    6 2
  2 1 7 0
  2 2 3 2
```


③
```
    2 3
  ×   4 1
    2 3
  9 2 0
  9 4 3
```

⑥
```
    2 1
  ×   9 4
    8 4
  1 8 9 0
  1 9 7 4
```

⑨
```
    6 2
  ×   4 1
    6 2
  2 4 8 0
  2 5 4 2
```


19 올림이 한 번 있는 두 자리 수의 곱셈 한 번 더! 

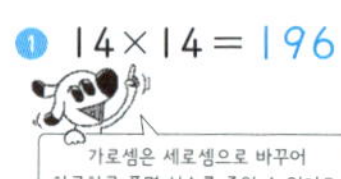

❀ 곱셈을 하세요.

①
```
    1 2
  ×   1 7
    8 4
  1 2 0
  2 0 4
```

⑤
```
    2 1
  ×   1 8
    1 6 8
    2 1 0
    3 7 8
```

⑨
```
    1 2
  ×   8 3
    3 6
  9 6 0
  9 9 6
```

②
```
    1 3
  ×   1 6
    7 8
  1 3 0
  2 0 8
```

⑥
```
    3 1
  ×   2 6
    1 8 6
    6 2 0
    8 0 6
```

⑩
```
    4 5
  ×   2 1
    4 5
  9 0 0
  9 4 5
```

③
```
    1 9
  ×   1 4
    7 6
  1 9 0
  2 6 6
```

⑦
```
    4 7
  ×   2 1
    4 7
  9 4 0
  9 8 7
```

⑪
```
    6 2
  ×   3 1
    6 2
  1 8 6 0
  1 9 2 2
```

④
```
    3 1
  ×   2 5
    1 5 5
    6 2 0
    7 7 5
```

⑧
```
    1 4
  ×   7 1
    1 4
  9 8 0
  9 9 4
```

⑫
```
    4 1
  ×   7 2
    8 2
  2 8 7 0
  2 9 5 2
```

19

❀ 곱셈을 하세요.

① $14 \times 14 = 196$

⑥ $24 \times 32 = 768$

② $15 \times 16 = 240$

⑦ $13 \times 72 = 936$

③ $27 \times 12 = 324$

⑧ $31 \times 73 = 2263$

④ $52 \times 13 = 676$

⑨ $82 \times 41 = 3362$

⑤ $63 \times 13 = 819$

⑩ $94 \times 12 = 1128$

20 올림이 여러 번 있는 두 자리 수의 곱셈

걸린 시간 4분

❀ 곱셈을 하세요.

20

걸린 시간 5분

❀ 곱셈을 하세요.

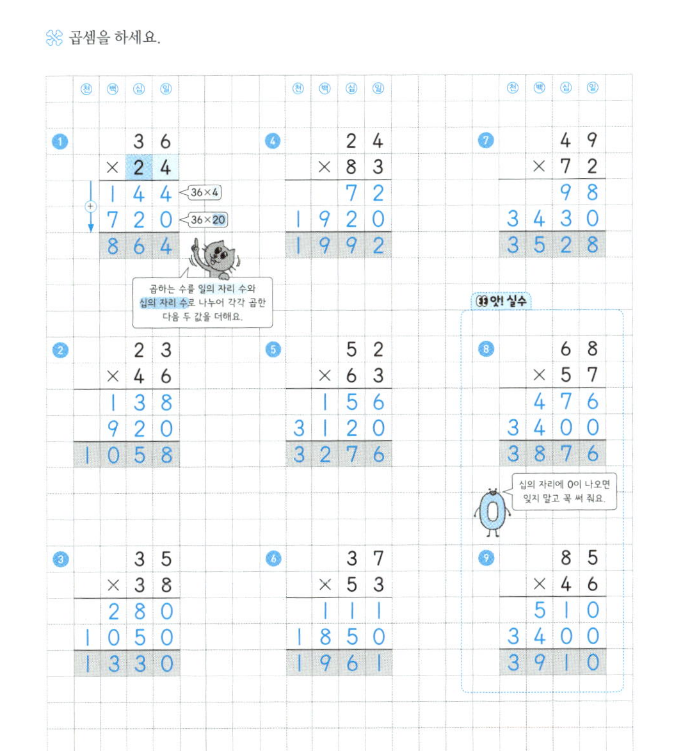

21 올림이 여러 번 있는 두 자리 수의 곱셈 한 번 더!

걸린 시간 5분

❀ 곱셈을 하세요.

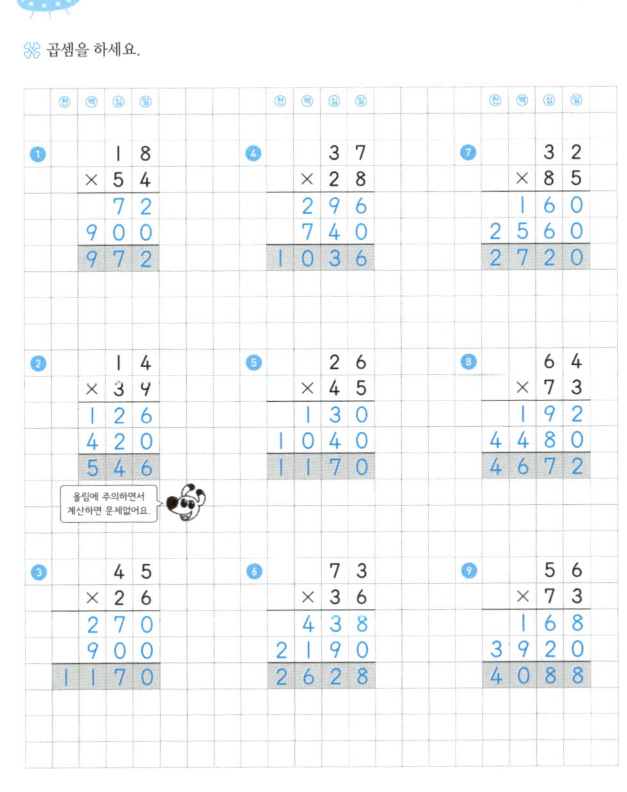

21

걸린 시간 6분

❀ 세로셈으로 나타내고, 곱셈을 하세요.

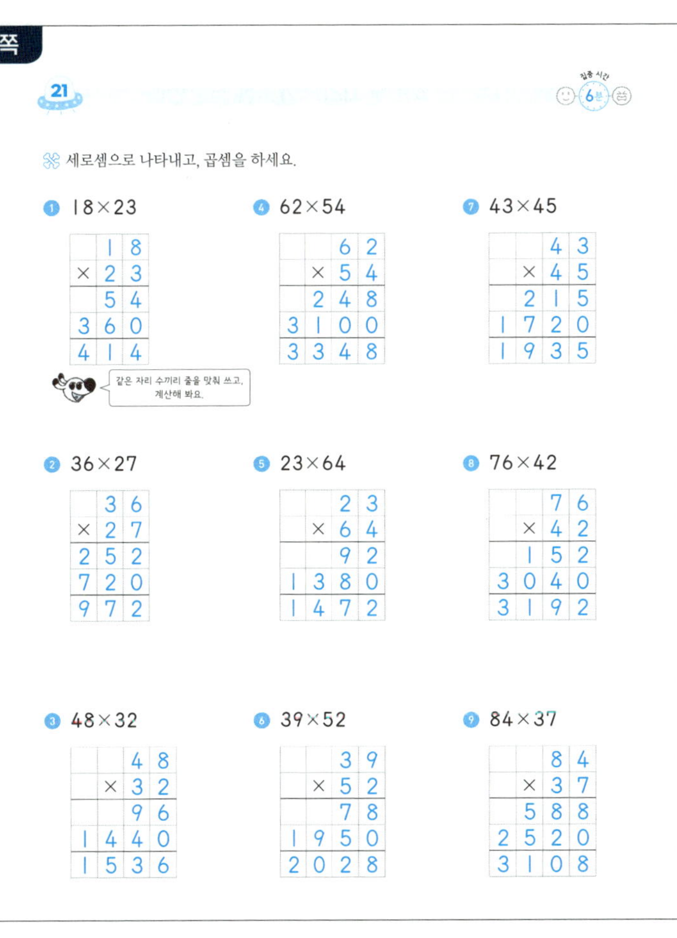

22 올림이 여러 번 있는 가로셈은 세로셈으로 풀자

❋ 곱셈을 하세요.

① 16×42 = 672

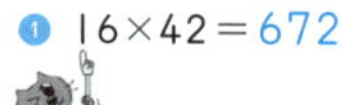

② 28×23 = 644

③ 41×47 = 1927

④ 35×27 = 945

⑤ 64×32 = 2048

⑥ 72×48 = 3456

⑦ 34×43 = 1462

⑧ 29×94 = 2726

⑨ 56×45 = 2520

⑩ 38×74 = 2812

22

❋ 곱셈을 하세요.

①
$$
\begin{array}{r}
5\ 1 \\
\times\ 3\ 6 \\
\hline
3\ 0\ 6 \\
1\ 5\ 3\ 0 \\
\hline
1\ 8\ 3\ 6
\end{array}
$$

②
$$
\begin{array}{r}
2\ 5 \\
\times\ 2\ 8 \\
\hline
2\ 0\ 0 \\
5\ 0\ 0 \\
\hline
7\ 0\ 0
\end{array}
$$

③
$$
\begin{array}{r}
1\ 6 \\
\times\ 9\ 4 \\
\hline
6\ 4 \\
1\ 4\ 4\ 0 \\
\hline
1\ 5\ 0\ 4
\end{array}
$$

④
$$
\begin{array}{r}
4\ 8 \\
\times\ 2\ 3 \\
\hline
1\ 4\ 4 \\
9\ 6\ 0 \\
\hline
1\ 1\ 0\ 4
\end{array}
$$

⑤
$$
\begin{array}{r}
5\ 6 \\
\times\ 2\ 8 \\
\hline
4\ 4\ 8 \\
1\ 1\ 2\ 0 \\
\hline
1\ 5\ 6\ 8
\end{array}
$$

⑥
$$
\begin{array}{r}
3\ 7 \\
\times\ 4\ 5 \\
\hline
1\ 8\ 5 \\
1\ 4\ 8\ 0 \\
\hline
1\ 6\ 6\ 5
\end{array}
$$

⑦
$$
\begin{array}{r}
4\ 4 \\
\times\ 4\ 4 \\
\hline
1\ 7\ 6 \\
1\ 7\ 6\ 0 \\
\hline
1\ 9\ 3\ 6
\end{array}
$$

⑧
$$
\begin{array}{r}
6\ 6 \\
\times\ 7\ 7 \\
\hline
4\ 6\ 2 \\
4\ 6\ 2\ 0 \\
\hline
5\ 0\ 8\ 2
\end{array}
$$

앗! 실수

⑨
$$
\begin{array}{r}
3\ 7 \\
\times\ 6\ 9 \\
\hline
3\ 3\ 3 \\
2\ 2\ 2\ 0 \\
\hline
2\ 5\ 5\ 3
\end{array}
$$

⑩
$$
\begin{array}{r}
6\ 7 \\
\times\ 4\ 8 \\
\hline
5\ 3\ 6 \\
2\ 6\ 8\ 0 \\
\hline
3\ 2\ 1\ 6
\end{array}
$$

⑪
$$
\begin{array}{r}
8\ 6 \\
\times\ 6\ 9 \\
\hline
7\ 7\ 4 \\
5\ 1\ 6\ 0 \\
\hline
5\ 9\ 3\ 4
\end{array}
$$

23 올림이 여러 번 있는 두 자리 수의 곱셈 집중 연습

❋ 곱셈을 하세요.

①
$$
\begin{array}{r}
6\ 2 \\
\times\ 4\ 3 \\
\hline
1\ 8\ 6 \\
2\ 4\ 8\ 0 \\
\hline
2\ 6\ 6\ 6
\end{array}
$$

②
$$
\begin{array}{r}
1\ 6 \\
\times\ 3\ 4 \\
\hline
6\ 4 \\
4\ 8\ 0 \\
\hline
5\ 4\ 4
\end{array}
$$

③
$$
\begin{array}{r}
3\ 8 \\
\times\ 5\ 2 \\
\hline
7\ 6 \\
1\ 9\ 0\ 0 \\
\hline
1\ 9\ 7\ 6
\end{array}
$$

④
$$
\begin{array}{r}
2\ 5 \\
\times\ 7\ 3 \\
\hline
7\ 5 \\
1\ 7\ 5\ 0 \\
\hline
1\ 8\ 2\ 5
\end{array}
$$

⑤
$$
\begin{array}{r}
4\ 2 \\
\times\ 9\ 3 \\
\hline
1\ 2\ 6 \\
3\ 7\ 8\ 0 \\
\hline
3\ 9\ 0\ 6
\end{array}
$$

⑥
$$
\begin{array}{r}
5\ 8 \\
\times\ 3\ 7 \\
\hline
4\ 0\ 6 \\
1\ 7\ 4\ 0 \\
\hline
2\ 1\ 4\ 6
\end{array}
$$

⑦
$$
\begin{array}{r}
7\ 4 \\
\times\ 3\ 9 \\
\hline
6\ 6\ 6 \\
2\ 2\ 2\ 0 \\
\hline
2\ 8\ 8\ 6
\end{array}
$$

⑧
$$
\begin{array}{r}
8\ 2 \\
\times\ 7\ 5 \\
\hline
4\ 1\ 0 \\
5\ 7\ 4\ 0 \\
\hline
6\ 1\ 5\ 0
\end{array}
$$

앗! 실수

⑨
$$
\begin{array}{r}
3\ 7 \\
\times\ 6\ 9 \\
\hline
3\ 3\ 3 \\
2\ 2\ 2\ 0 \\
\hline
2\ 5\ 5\ 3
\end{array}
$$

⑩
$$
\begin{array}{r}
6\ 8 \\
\times\ 9\ 7 \\
\hline
4\ 7\ 6 \\
6\ 1\ 2\ 0 \\
\hline
6\ 5\ 9\ 6
\end{array}
$$

⑪
$$
\begin{array}{r}
8\ 9 \\
\times\ 4\ 6 \\
\hline
5\ 3\ 4 \\
3\ 5\ 6\ 0 \\
\hline
4\ 0\ 9\ 4
\end{array}
$$

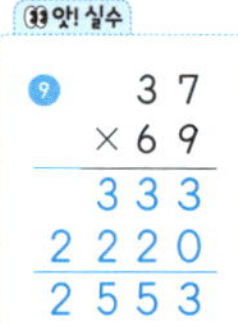
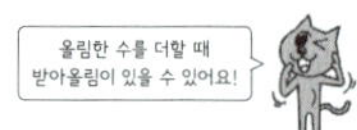

23

❋ 빈칸에 알맞은 수를 써넣으세요.

①

18	47
26	23
468	1081

18×26   47×23

②

31	52
74	64
2294	3328

④

	×→	29×32
29	32	928
67	43	2881

67×43

③

53	96
75	48
3975	4608

⑤

	×→	
56	84	4704
82	99	8118

24 생활 속 연산 – 곱셈(2)

집중 시간 3분

그림을 보고 □ 안에 알맞은 수를 써넣으세요.

①  알뜰 시장에서 한 통에 24개씩 들어 있는 머리끈을 팔고 있습니다. 머리끈 50통에 들어 있는 머리끈은 모두 **1200** 개입니다.

②  주연이는 '별주부전' 책을 도서관에서 빌렸습니다. 하루에 8쪽씩 매일 읽는다면 2주 동안에는 모두 **112** 쪽을 읽을 수 있습니다. (1주=7일)

③  준서는 매일 65번씩 줄넘기를 하였습니다. 준서가 3월 한 달 동안 줄넘기를 한 횟수는 모두 **2015** 번입니다.

④  연수는 매일 15분씩 17일 동안 달렸고, 슬기는 매일 20분씩 13일 동안 달렸습니다. 두 사람 중 **슬기** 가 **5** 분 더 오래 달렸습니다.

---

24 꿀먹! 연산 간식

집중 시간 3분

곱셈 나라의 택배 상자에는 집 주소의 호수가 곱셈식으로 표시되어 있습니다. 택배 상자와 배달해야 할 집을 선으로 이으세요.

37×12 — 444
13×38 — 494
18×23 — 414
16×19 — 304

둘째 마당 통과 문제

*틀린 문제는 꼭 다시 확인하고 넘어가요!

□ 안에 알맞은 수를 써넣으세요.

15차시
①
```
   3 0
 × 8 0
─────
 2 4 0 0
```

15차시
②
```
   6 4
 × 4 0
─────
 2 5 6 0
```

16차시
③
```
     3
 × 1 8
─────
   5 4
```

16차시
④
```
     7
 × 2 6
─────
 1 8 2
```

18차시
⑤
```
   2 3
 × 2 4
─────
 5 5 2
```

20차시
⑥
```
   1 4
 × 5 6
─────
 7 8 4
```

20차시
⑦
```
   5 1
 × 3 2
─────
 1 6 3 2
```

20차시
⑧
```
   6 2
 × 4 5
─────
 2 7 9 0
```

15차시
⑨ 30×20 = **600**

15차시
⑩ 18×50 = **900**

17차시
⑪ 8×41 = **328**

19차시
⑫ 14×16 = **224**

22차시
⑬ 25×34 = **850**

22차시
⑭ 35×74 = **2590**

24차시
⑮ 한 상자에 26개씩 들어 있는 초콜릿이 45상자 있습니다. 초콜릿은 모두 **1170** 개입니다.

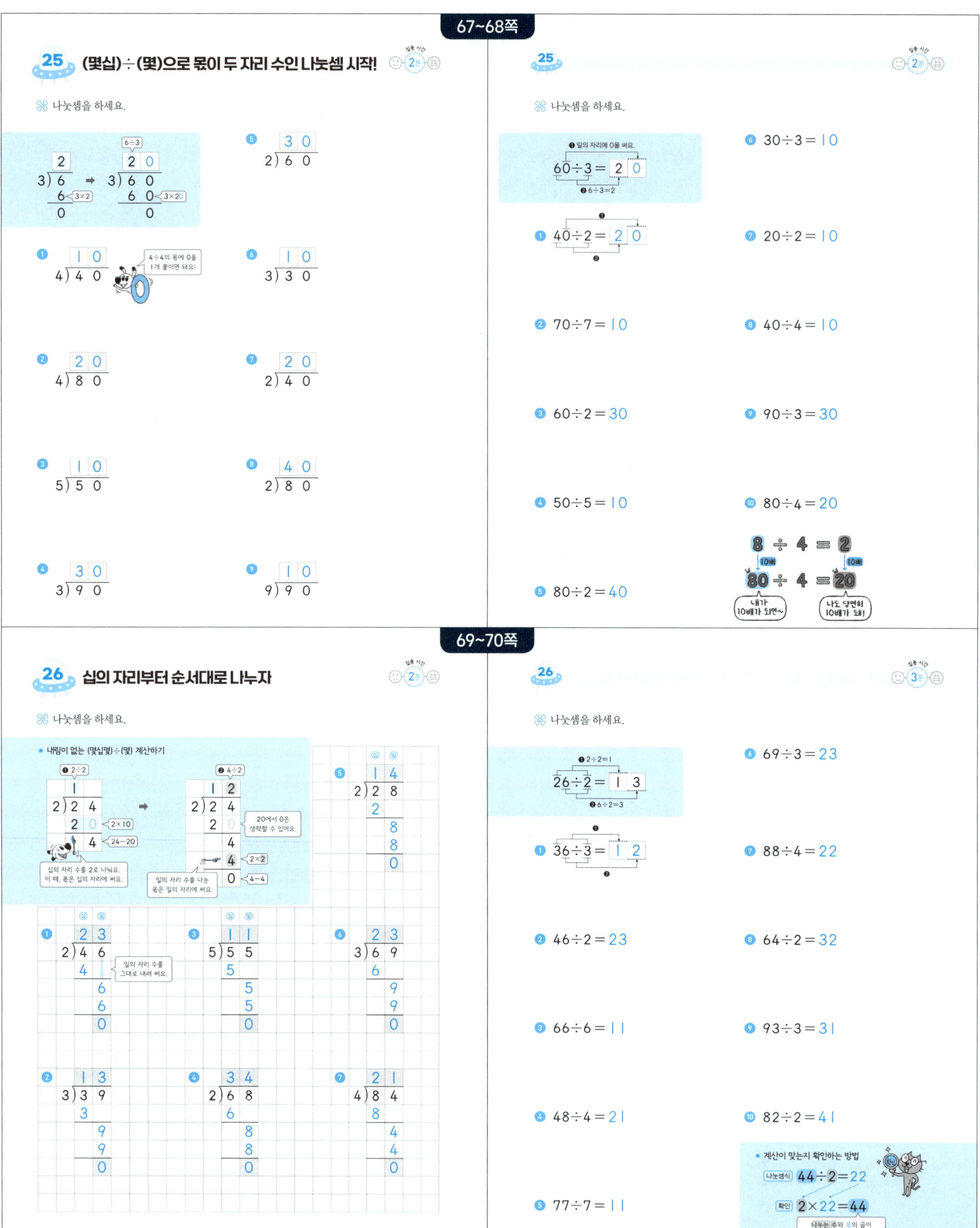

25 (몇십)÷(몇)으로 묶어 두 자리 수인 나눗셈 시작!

❀ 나눗셈을 하세요.

⑤ 2)3 0
① 4)4 0 1 0
② 4)8 0 2 0
③ 5)5 0 1 0
④ 3)9 0 3 0
⑥ 3)3 0 1 0
⑦ 2)4 0 2 0
⑧ 2)8 0 4 0
⑨ 9)9 0 1 0

25

❀ 나눗셈을 하세요.

$60 \div 3 = 20$
$40 \div 2 = 20$
② $70 \div 7 = 10$
③ $60 \div 2 = 30$
④ $50 \div 5 = 10$
⑤ $80 \div 2 = 40$
⑥ $30 \div 3 = 10$
⑦ $20 \div 2 = 10$
⑧ $40 \div 4 = 10$
⑨ $90 \div 3 = 30$
⑩ $80 \div 4 = 20$

26 십의 자리부터 순서대로 나누자

❀ 나눗셈을 하세요.

* 내림이 없는 (몇십몇)÷(몇) 계산하기

⑤ 2)2 8 1 4
① 2)4 6 2 3
② 3)3 9 1 3
③ 5)5 5 1 1
④ 2)6 8 3 4
⑥ 3)6 9 2 3
⑦ 4)8 4 2 1

26

❀ 나눗셈을 하세요.

$26 \div 2 = 13$
$36 \div 3 = 12$
② $46 \div 2 = 23$
③ $66 \div 6 = 11$
④ $48 \div 4 = 12$
⑤ $77 \div 7 = 11$
⑥ $69 \div 3 = 23$
⑦ $88 \div 4 = 22$
⑧ $64 \div 2 = 32$
⑨ $93 \div 3 = 31$
⑩ $82 \div 2 = 41$

27 십의 자리에서 남은 수는 일의 자리 수와 함께 나누자

나눗셈을 하세요.

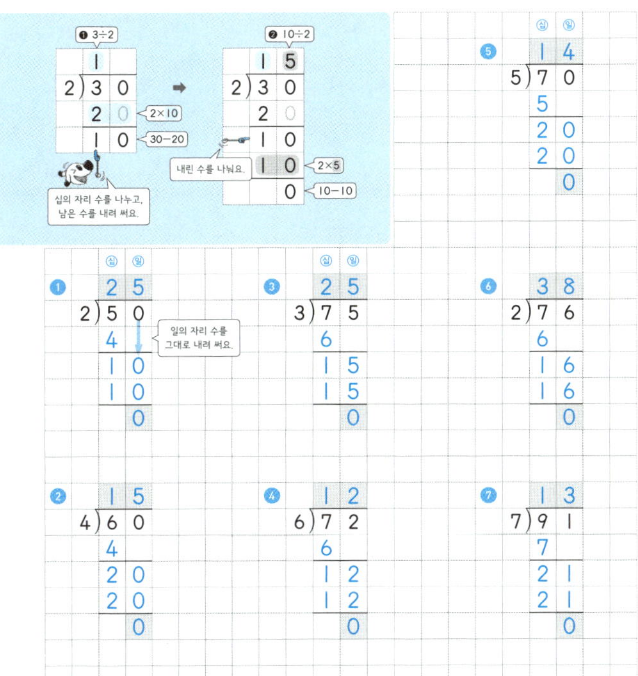

27

나눗셈을 하세요.

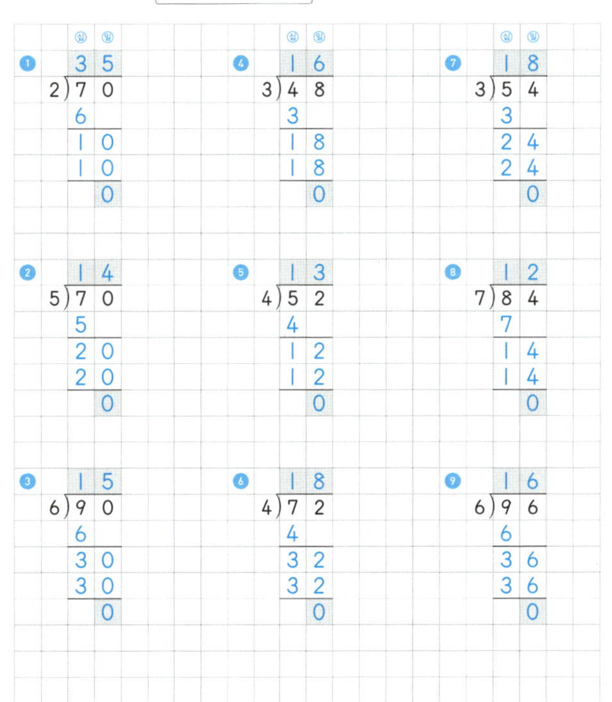

28 내림이 있는 (몇십몇)÷(몇) 한 번 더!

나눗셈을 하세요.

28

나눗셈을 하세요.

① $36 \div 2 = 18$ ⑦ $74 \div 2 = 37$

② $42 \div 3 = 14$ ⑧ $95 \div 5 = 19$

③ $58 \div 2 = 29$ ⑨ $84 \div 7 = 12$

④ $56 \div 4 = 14$ ⑩ $96 \div 6 = 16$

⑤ $72 \div 3 = 24$ ⑪ $84 \div 3 = 28$

⑥ $85 \div 5 = 17$ ⑫ $98 \div 7 = 14$

29 나머지는 나누는 수보다 항상 작아

나눗셈을 하세요.

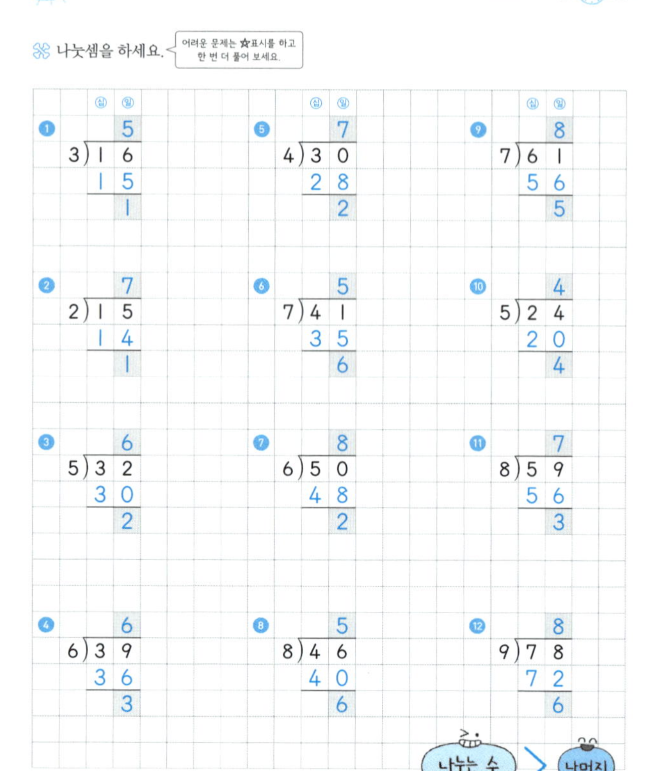

29

나눗셈을 하세요. 어려운 문제는 ☆표시를 하고 한 번 더 풀어 보세요.

---

30 몫과 나머지를 구하자

나눗셈을 하고, 몫과 나머지를 쓰세요.

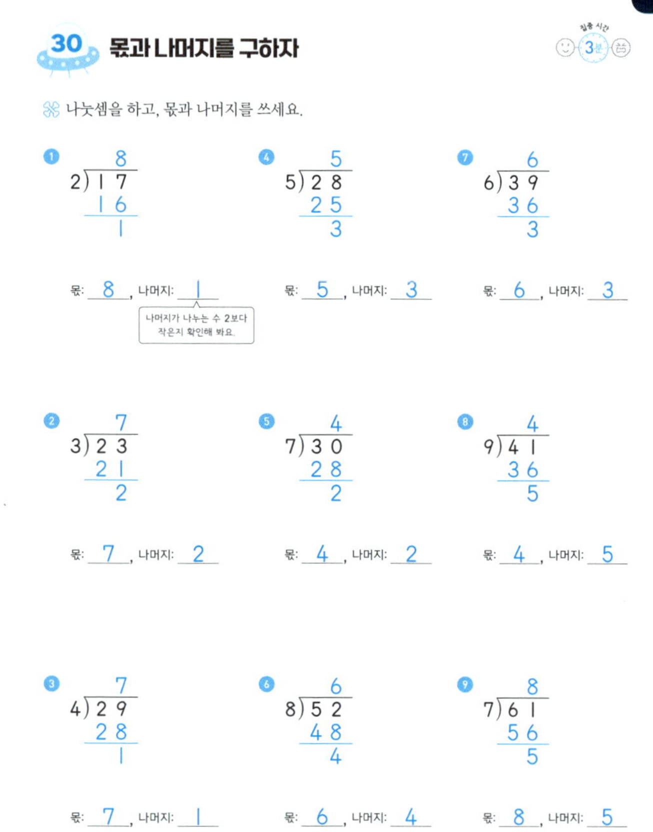

30

나눗셈을 하세요.

$$14 \div 5 = 2 \cdots 4$$

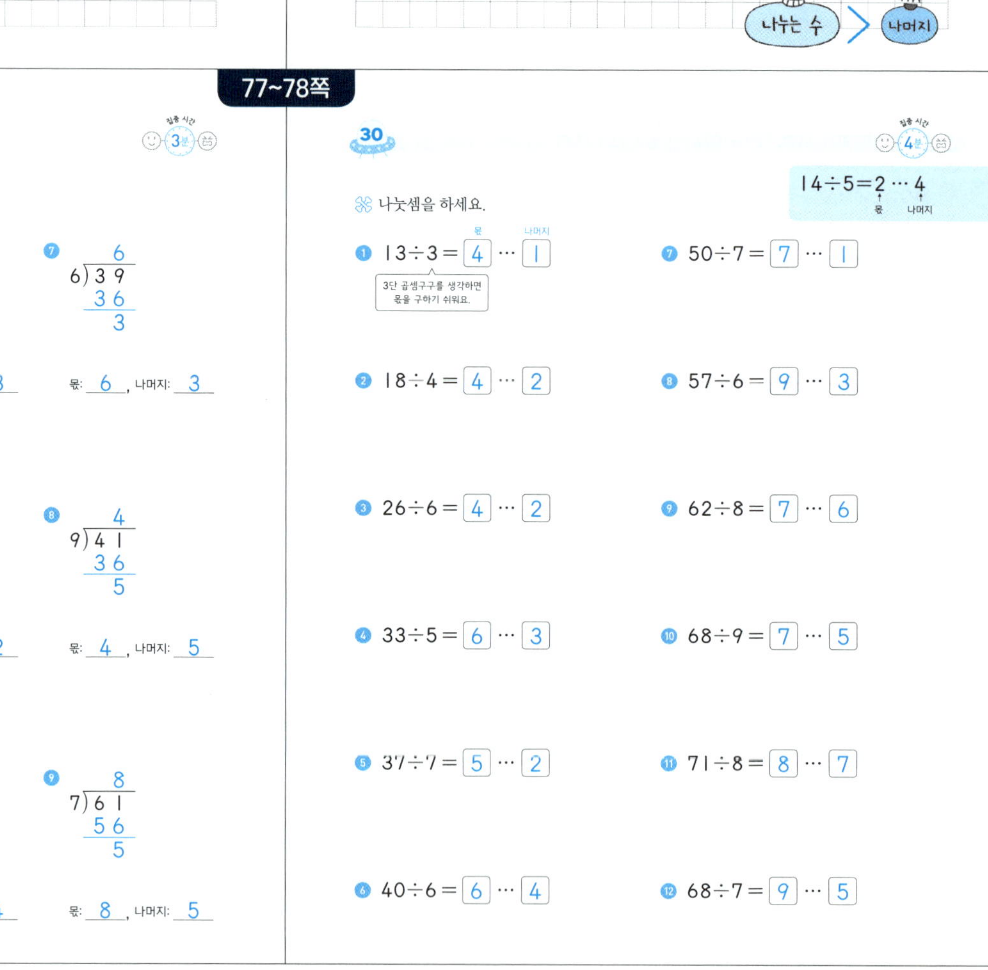

31 내림이 있고 나머지가 있는 (몇십몇)÷(몇)

나눗셈을 하세요.

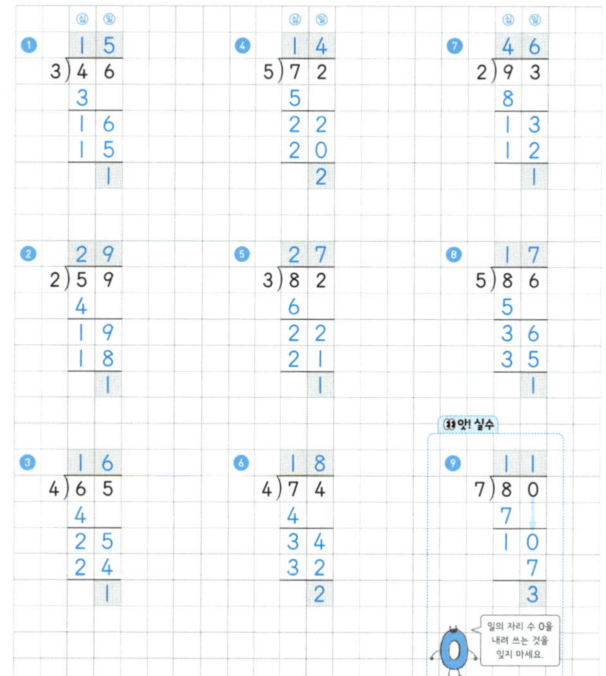

32 내림이 있고 나머지가 있는 (몇십몇)÷(몇) 한 번 더!

나눗셈을 하고, 몫과 나머지를 쓰세요.

나누는 수 ▶ 나머지

① 2)35, 몫: 17, 나머지: 1
② 3)50, 몫: 16, 나머지: 2
③ 4)53, 몫: 13, 나머지: 1
④ 3)77, 몫: 25, 나머지: 2
⑤ 6)82, 몫: 13, 나머지: 4
⑥ 5)78, 몫: 15, 나머지: 3
⑦ 6)94, 몫: 15, 나머지: 4
⑧ 7)89, 몫: 12, 나머지: 5
⑨ 8)90, 몫: 11, 나머지: 2

32

나눗셈을 하세요. 세로셈으로 바꾸어 차근차근 풀어 봐요.

① 41÷3 = 13 … 2
② 73÷2 = 36 … 1
③ 62÷4 = 15 … 2
④ 84÷5 = 16 … 4
⑤ 79÷6 = 13 … 1
⑥ 59÷4 = 14 … 3
⑦ 81÷7 = 11 … 4
⑧ 88÷6 = 14 … 4
⑨ 93÷8 = 11 … 5
⑩ 90÷7 = 12 … 6

33 내림이 있고 나머지가 있는 (몇십몇)÷(몇) 집중 연습

※ 나눗셈을 하세요.

①
```
      1 4
3 ) 4 4
      3
      1 4
      1 2
         2
```

⑤
```
      1 4
5 ) 7 2
      5
      2 2
      2 0
         2
```

⑨
```
      1 3
6 ) 8 0
      6
      2 0
      1 8
         2
```

②
```
      2 5
2 ) 5 1
      4
      1 1
      1 0
         1
```

⑥
```
      1 9
4 ) 7 8
      4
      3 8
      3 6
         2
```

⑩
```
      1 3
7 ) 9 4
      7
      2 4
      2 1
         3
```

③
```
      1 6
4 ) 6 7
      4
      2 7
      2 4
         3
```

⑦
```
      1 2
7 ) 8 6
      7
      1 6
      1 4
         2
```

⑪
```
      1 2
8 ) 9 8
      8
      1 8
      1 6
         2
```

④
```
      2 4
3 ) 7 4
      6
      1 4
      1 2
         2
```

⑧
```
      2 3
4 ) 9 5
      8
      1 5
      1 2
         3
```

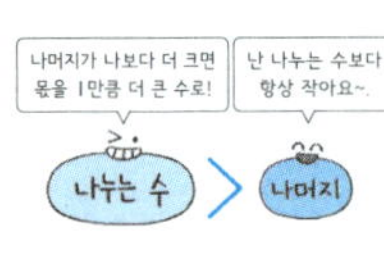

33

※ 빈칸에 나눗셈의 몫을 쓰고, ◯ 안에 나머지를 써넣으세요.

① 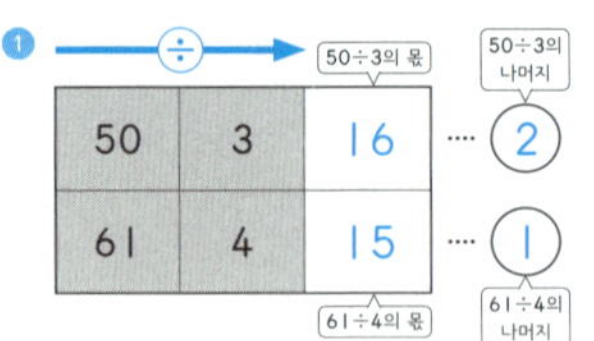

| 50 | 3 | 16 | … ② |
| 61 | 4 | 15 | … ① |

④ 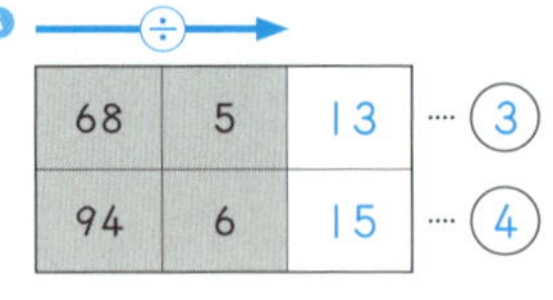

| 68 | 5 | 13 | … ③ |
| 94 | 6 | 15 | … ④ |

② 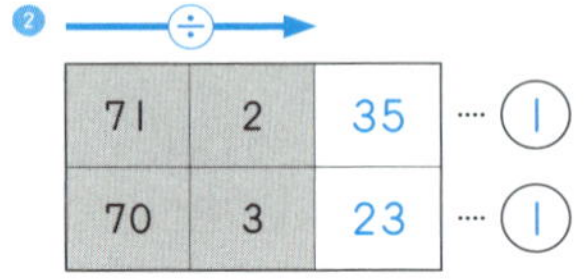

| 71 | 2 | 35 | … ① |
| 70 | 3 | 23 | … ① |

⑤ 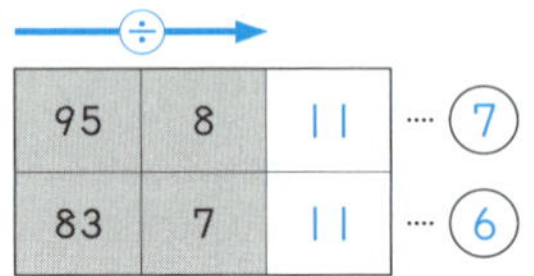

| 95 | 8 | 11 | … ⑦ |
| 83 | 7 | 11 | … ⑥ |

③ 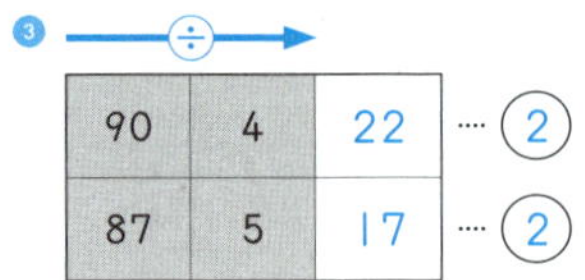

| 90 | 4 | 22 | … ② |
| 87 | 5 | 17 | … ② |

---

34 나머지가 있는 나눗셈의 계산이 맞는지 확인하기 (1)

※ 나눗셈을 하고, 계산이 맞는지 확인하세요.

①
```
      6
2 ) 1 3
    1 2
      1
```

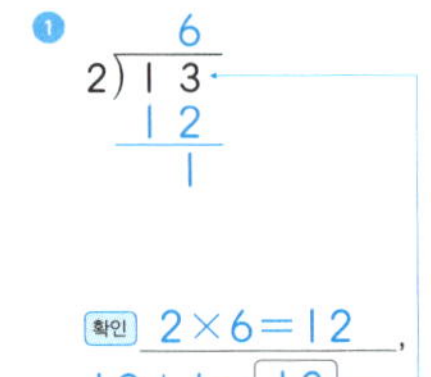

* 계산이 맞는지 확인하는 방법
나눗셈식 13÷2=6 … 1
확인 2×6=12, 12+1=13

나누는 수와 몫의 곱에 나머지를 더하면
나누어지는 수가 되어야 해요.

확인 2×6=12 ,
12+1= 13
나누어지는 수 13과 같으면 정답!

②
```
      7
4 ) 3 1
    2 8
      3
```
확인 4×7=28 ,
28+3=31

④
```
      1 1
3 ) 3 4
    3
    4
    3
    1
```
확인 3×11=33 ,
33+1=34

⑥
```
      1 6
5 ) 8 3
    5
    3 3
    3 0
      3
```
확인 5×16=80 ,
80+3=83

③
```
      7
5 ) 3 8
    3 5
      3
```
확인 5×7=35 ,
35+3=38

⑤
```
      1 3
4 ) 5 5
    4
    1 5
    1 2
      3
```
확인 4×13=52 ,
52+3=55

⑦
```
      1 2
6 ) 7 7
    6
    1 7
    1 2
      5
```
확인 6×12=72 ,
72+5=77

34

※ 나눗셈을 하고, 계산이 맞는지 확인하세요.

나누는 수와 몫의 곱에
나머지를 더하면 나누어지는 수가 되어야 해요.

① 17÷4 = [4] … [1]
```
    4
4 ) 1 7
    1 6
      1
```
확인 4×4=16 ,
16+1=17

⑤ 37÷3 = [12] … [1]
확인 3×12=36 ,
36+1=37

② 53÷8 = [6] … [5]
확인 8×6=48 ,
48+5=53

⑥ 74÷4 = [18] … [2]
확인 4×18=72 ,
72+2=74

③ 32÷5 = [6] … [2]
확인 5×6=30 ,
30+2=32

⑦ 94÷9 = [10] … [4]
확인 9×10=90 ,
90+4=94

④ 68÷9 = [7] … [5]
확인 9×7=63 ,
63+5=68

⑧ 53÷2 = [26] … [1]
확인 2×26=52 ,
52+1=53

35 백의 자리부터 순서대로 나누자

※ 나눗셈을 하세요.

36 몫이 두 자리 수인 (세 자리 수)÷(한 자리 수)

※ 나눗셈을 하세요.

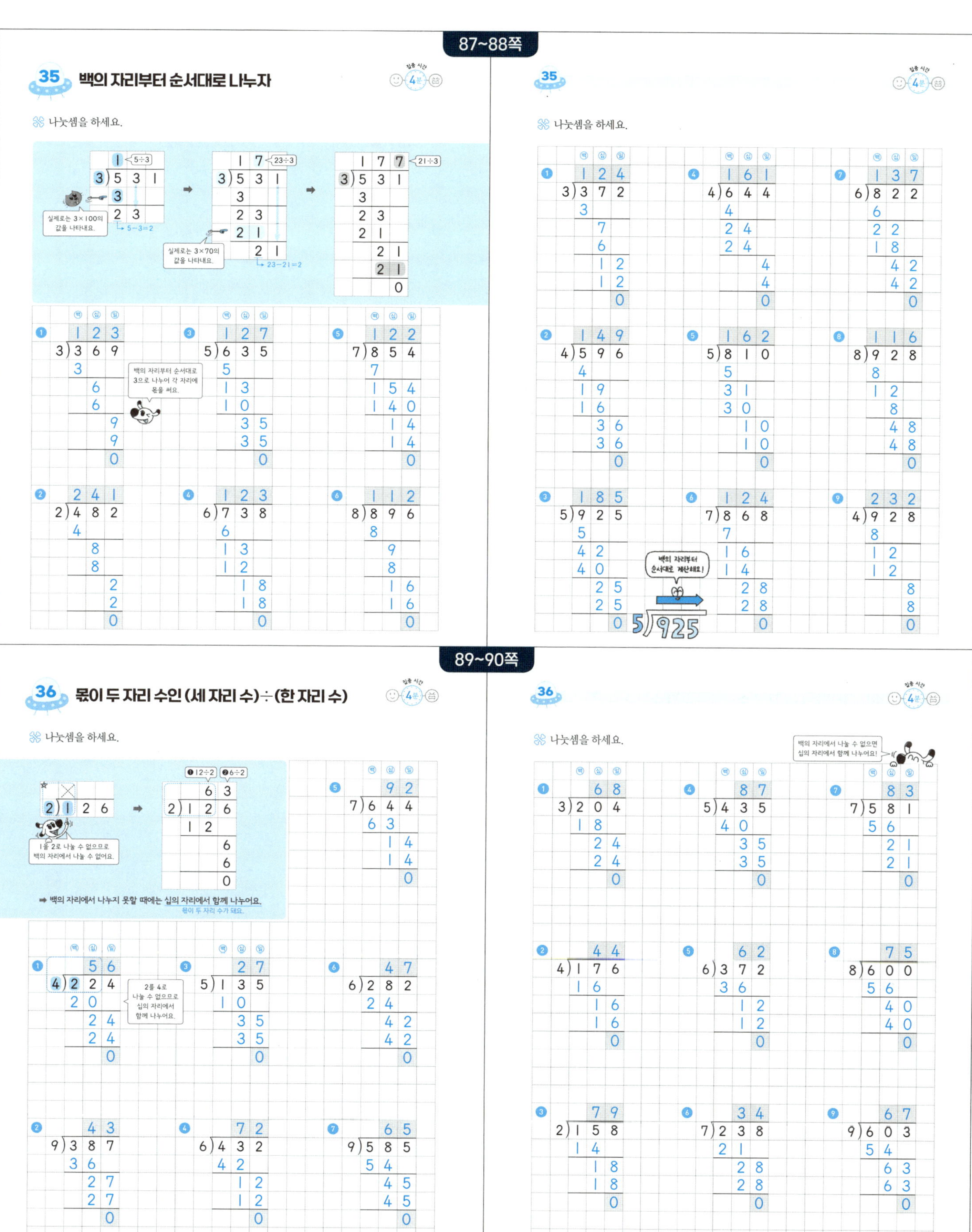

37 (세 자리 수)÷(한 자리 수) 집중 연습

집중 시간 5분

❋ 나눗셈을 하세요.

(long-division worked examples ①~⑪ and ⑤~⑪)

⑧ 앗! 실수

37

집중 시간 6분

❋ 나눗셈을 하세요.

① $348 \div 3 = 116$ ⑦ $132 \div 2 = 66$

② $725 \div 5 = 145$ ⑧ $296 \div 4 = 74$

③ $810 \div 6 = 135$ ⑨ $576 \div 6 = 96$

④ $605 \div 5 = 121$ ⑩ $434 \div 7 = 62$

⑤ $861 \div 7 = 123$ ⑪ $477 \div 9 = 53$

⑥ $984 \div 4 = 246$

$255 \div 3 =$ 못

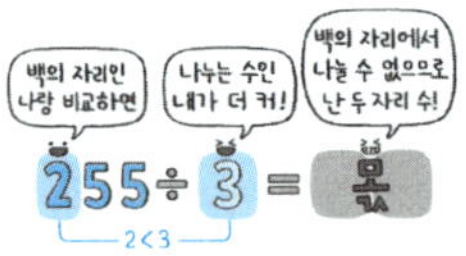

38 나머지가 있는 (세 자리 수)÷(한 자리 수) (1)

집중 시간 4분

❋ 나눗셈을 하세요.

* 나눌 수 없을 땐, 몫의 자리에 0을 써요.

(long-division worked examples ①~⑦)

38

집중 시간 4분

❋ 나눗셈을 하세요.

(long-division worked examples ①~⑧)

---

39 나머지가 있는 (세 자리 수)÷(한 자리 수)(2)

※ 나눗셈을 하세요.

① 2)117 = 58 … 1
10 / 17 / 16 / 1

백의 자리에서 나눌 수 없어요!

② 4)158 = 39 … 2
12 / 38 / 36 / 2

③ 3)236 = 78 … 2
21 / 26 / 24 / 2

④ 5)318 = 63 … 3
30 / 18 / 15 / 3

⑤ 6)437 = 72 … 5
42 / 17 / 12 / 5

⑥ 5)453 = 90 … 3
45 / 3

남은 수를 나눌 수 없을 땐 몫에 0을 써요.

⑦ 7)592 = 84 … 4
56 / 32 / 28 / 4

⑧ 8)382 = 47 … 6
32 / 62 / 56 / 6

⑨ 9)625 = 69 … 4
54 / 85 / 81 / 4

39

※ 나눗셈을 하세요.

① 3)203 = 67 … 2
18 / 23 / 21 / 2

② 4)175 = 43 … 3
16 / 15 / 12 / 3

③ 7)398 = 56 … 6
35 / 48 / 42 / 6

④ 5)254 = 50 … 4
25 / 4

⑤ 6)254 = 42 … 2
24 / 14 / 12 / 2

⑥ 4)379 = 94 … 3
36 / 19 / 16 / 3

⑦ 4)303 = 75 … 3
28 / 23 / 20 / 3

⑧ 7)600 = 85 … 5
56 / 40 / 35 / 5

⑨ 8)555 = 69 … 3
48 / 75 / 72 / 3

40 나머지가 있는 (세 자리 수)÷(한 자리 수) 집중 연습

※ 나눗셈을 하세요.

① 2)511 = 255 … 1
4 / 11 / 10 / 11 / 10 / 1

② 4)578 = 144 … 2
4 / 17 / 16 / 18 / 16 / 2

③ 3)500 = 166 … 2
3 / 20 / 18 / 20 / 18 / 2

④ 4)341 = 85 … 1
32 / 21 / 20 / 1

⑤ 8)610 = 76 … 2
56 / 50 / 48 / 2

⑥ 5)437 = 87 … 2
40 / 37 / 35 / 2

⑦ 6)399 = 66 … 3
36 / 39 / 36 / 3

⑧ 9)501 = 55 … 6
45 / 51 / 45 / 6

⑨ 7)355 = 50 … 5
35 / 5

⑩ 6)616 = 102 … 4
6 / 16 / 12 / 4

⑪ 6)604 = 100 … 4
6 / 4

백의 자리인 나랑 비교하면
나누는 수인 네가 더 커!
백의 자리에서 나누는 수 없으므로 난 두 자리 수!

255 ÷ 3 = 몫
2<3

40

구한 나머지가 나누는 수보다 작은지 꼭 확인해 보세요.

※ 나눗셈을 하세요.

① 473÷3 = 157 … 2

② 632÷5 = 126 … 2

③ 987÷9 = 109 … 6

④ 545÷4 = 136 … 1

⑤ 764÷3 = 254 … 2

⑥ 856÷6 = 142 … 4

⑦ 173÷2 = 86 … 1

⑧ 294÷4 = 73 … 2

⑨ 328÷6 = 54 … 4

⑩ 451÷7 = 64 … 3

⑪ 606÷8 = 75 … 6

⑫ 714÷9 = 79 … 3

 **41** 나머지가 있는 나눗셈의 계산이 맞는지 확인하기 (2)

✽ 나눗셈을 하고, 계산이 맞는지 확인하세요.

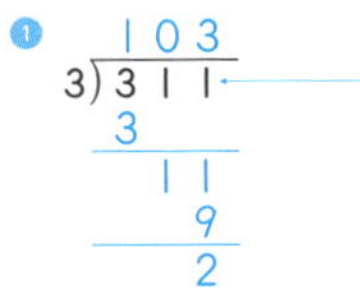

① $3)\overline{311}$ = 103
확인 $3×103=309$, $309+2=311$
나누어지는 수 311이 나오면 정답!

④ $8)\overline{759}$ = 94
확인 $8×94=752$, $752+7=759$

⑦ $9)\overline{528}$ = 58
확인 $9×58=522$, $522+6=528$

② $5)\overline{603}$ = 120
확인 $5×120=600$, $600+3=603$

⑤ $6)\overline{107}$ = 17
확인 $6×17=102$, $102+5=107$

⑧ $7)\overline{487}$ = 69
확인 $7×69=483$, $483+4=487$

③ $4)\overline{425}$ = 106
확인 $4×106=424$, $424+1=425$

⑥ $8)\overline{179}$ = 22
확인 $8×22=176$, $176+3=179$

⑨ $4)\overline{226}$ = 56
확인 $4×56=224$, $224+2=226$

 **41**

✽ 나눗셈을 하고, 계산이 맞는지 확인하세요.

① $421÷3=$ [140] … [1]
확인 $3×140=420$, $420+1=421$

⑤ $114÷9=$ [12] … [6]
확인 $9×12=108$, $108+6=114$

② $863÷7=$ [123] … [2]
확인 $7×123=861$, $861+2=863$

⑥ $257÷6=$ [42] … [5]
확인 $6×42=252$, $252+5=257$

③ $590÷4=$ [147] … [2]
확인 $4×147=588$, $588+2=590$

⑦ $345÷4=$ [86] … [1]
확인 $4×86=344$, $344+1=345$

④ $777÷6=$ [129] … [3]
확인 $6×129=774$, $774+3=777$

⑧ $508÷7=$ [72] … [4]
확인 $7×72=504$, $504+4=508$

 **42** 생활 속 연산 – 나눗셈

✽ 그림을 보고 □ 안에 알맞은 수를 써넣으세요.

①  지우는 84쪽짜리 동화책을 하루에 6쪽씩 매일 읽으려고 합니다. 지우가 동화책을 다 읽으려면 [14] 일이 걸립니다.

②  신우는 옥수수 94개를 4개의 상자에 똑같이 나누어 담고, 남은 옥수수는 쪄 먹었습니다. 신우가 쪄 먹은 옥수수는 [2] 개입니다.

③  승기네 학교 학생 304명이 버스 1대에 8명씩 나누어 타고 체험 학습을 가려고 합니다. 버스는 모두 [38] 대가 필요합니다.

④ 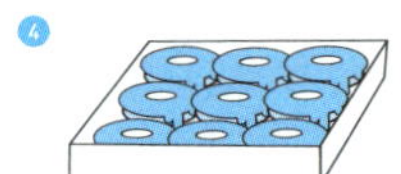 제과점에서 도넛 379개를 한 상자에 9개씩 나누어 담으려고 합니다. 필요한 도넛 상자는 모두 [42] 상자이고, 남은 도넛은 [1] 개입니다.

 **42** 꿀떡 | 연산 간식

✽ 바빠독 친구들의 사물함입니다. 사물함의 비밀번호는 사물함에 적힌 나눗셈의 몫과 나머지를 앞에서부터 차례로 이어 쓰면 알 수 있어요. 빈칸에 알맞은 수를 써넣어 비밀번호를 구하세요.

① 

[3] [5] [2] [1]
몫 · 나머지

③ 

[2] [0] [9] [3]

② 

[3] [2] [5] [1]

④ 

[1] [6] [0] [2]

셋째 마당 통과 문제

★틀린 문제는 꼭 다시 확인하고 넘어가요!

❀ □ 안에 알맞은 수를 써넣으세요.

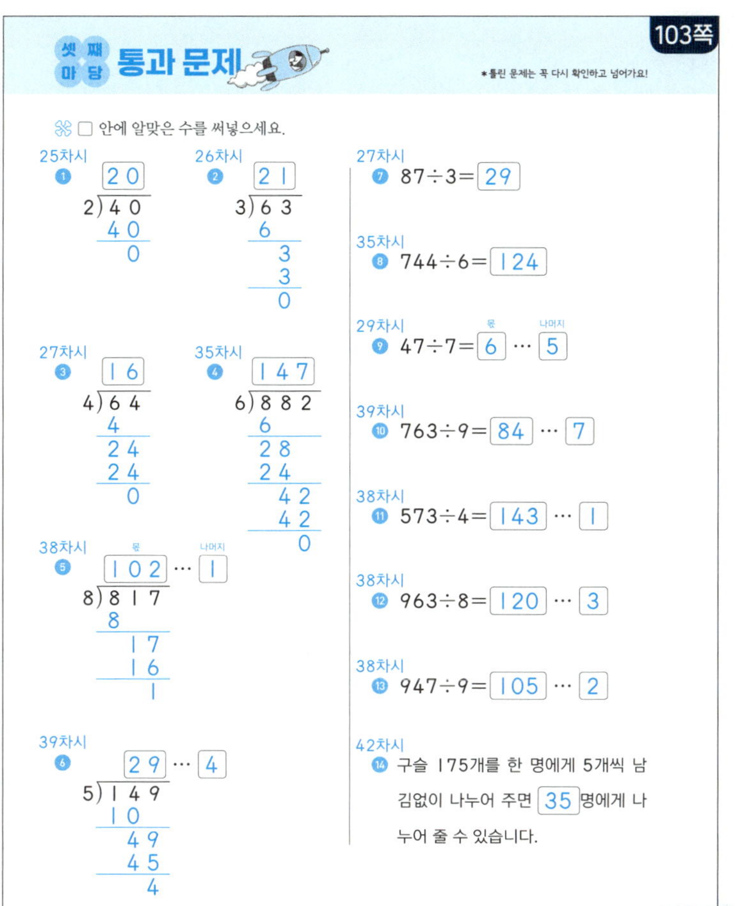

25차시
① 20
2)40

26차시
② 21
3)63

27차시
③ 16
4)64

35차시
④ 147
6)882

38차시
⑤ 몫 102 ··· 나머지 1
8)817

39차시
⑥ 29 ··· 4
5)149

27차시
⑦ 87÷3= 29

35차시
⑧ 744÷6= 124

29차시
⑨ 47÷7= 몫 6 ··· 나머지 5

39차시
⑩ 763÷9= 84 ··· 7

38차시
⑪ 573÷4= 143 ··· 1

38차시
⑫ 963÷8= 120 ··· 3

38차시
⑬ 947÷9= 105 ··· 2

42차시
⑭ 구슬 175개를 한 명에게 5개씩 남김없이 나누어 주면 35 명에게 나누어 줄 수 있습니다.

---

43 색칠한 부분을 분수로 나타내자

걸린 시간 2분

❀ 색칠한 부분을 분수로 나타내세요.

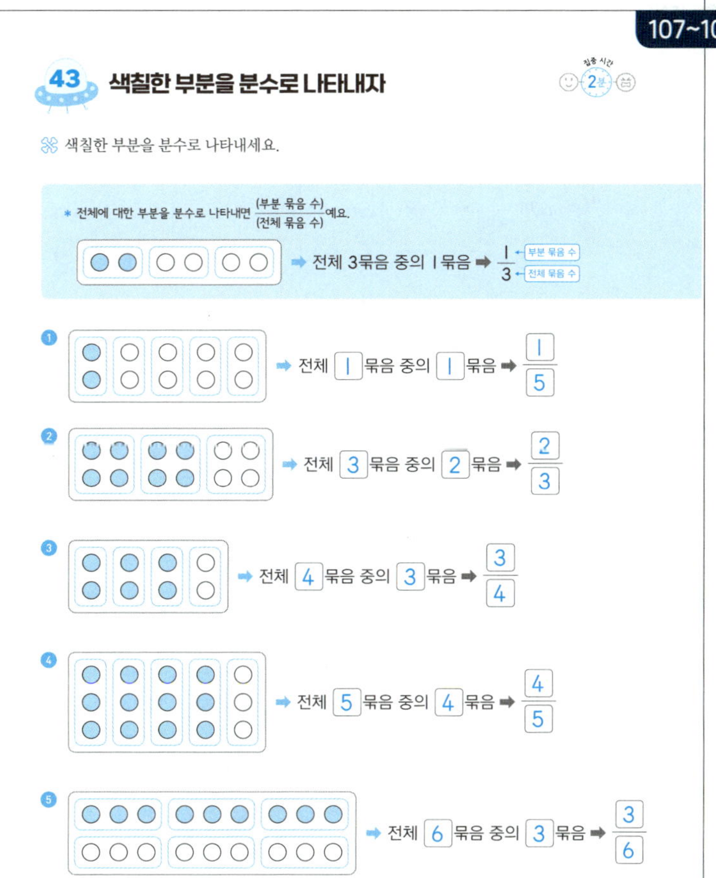

★ 전체에 대한 부분을 분수로 나타내면 $\dfrac{(부분\ 묶음\ 수)}{(전체\ 묶음\ 수)}$ 예요.

➡ 전체 3묶음 중의 1묶음 ➡ $\dfrac{1}{3}$ ← 부분 묶음 수 / 전체 묶음 수

① ➡ 전체 1 묶음 중의 1 묶음 ➡ $\dfrac{1}{5}$

② ➡ 전체 3 묶음 중의 2 묶음 ➡ $\dfrac{2}{3}$

③ ➡ 전체 4 묶음 중의 3 묶음 ➡ $\dfrac{3}{4}$

④ ➡ 전체 5 묶음 중의 4 묶음 ➡ $\dfrac{4}{5}$

⑤ ➡ 전체 6 묶음 중의 3 묶음 ➡ $\dfrac{3}{6}$

---

43 색칠한 부분을 분수로 나타내자

걸린 시간 2분

❀ 색칠한 부분을 분수로 나타내세요.

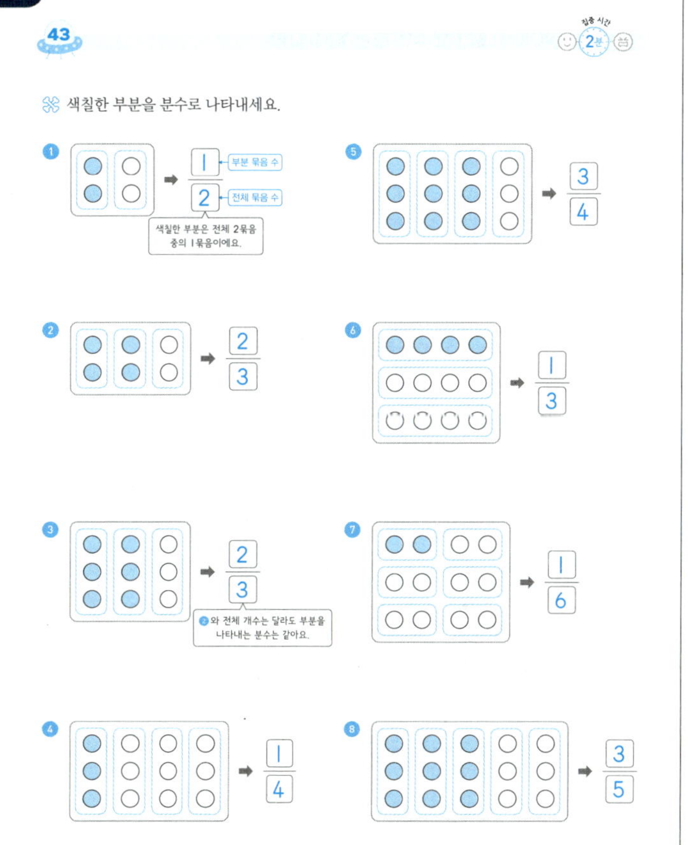

① ➡ 1 ← 부분 묶음 수 / 2 ← 전체 묶음 수
색칠한 부분은 전체 2묶음 중의 1묶음이에요.

② ➡ $\dfrac{2}{3}$

③ ➡ $\dfrac{2}{3}$
②와 전체 개수는 달라도 부분을 나타내는 분수는 같아요.

④ ➡ $\dfrac{1}{4}$

⑤ ➡ $\dfrac{3}{4}$

⑥ ➡ $\dfrac{1}{3}$

⑦ ➡ $\dfrac{1}{6}$

⑧ ➡ $\dfrac{3}{5}$

44 분수만큼은 얼마일까

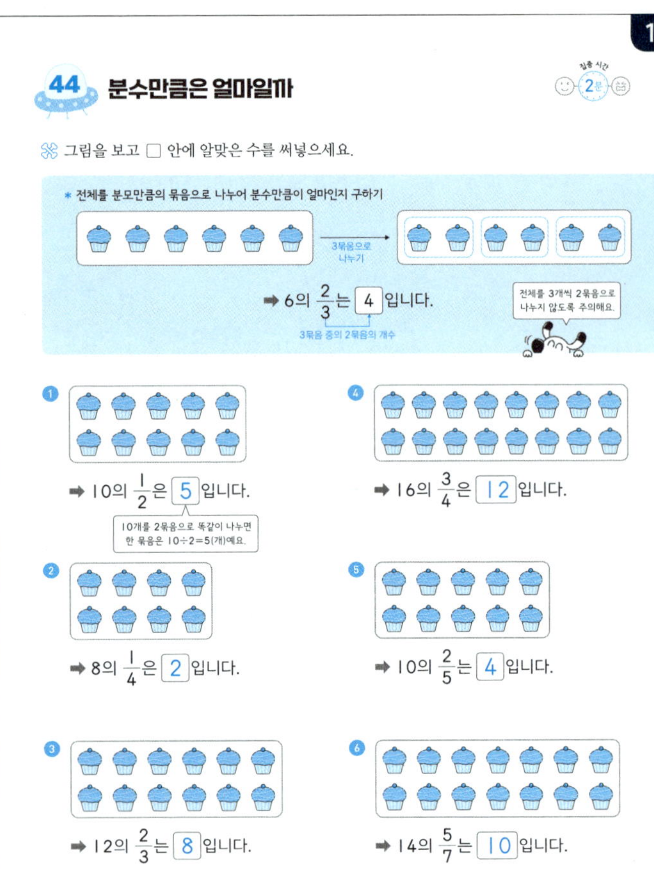

44

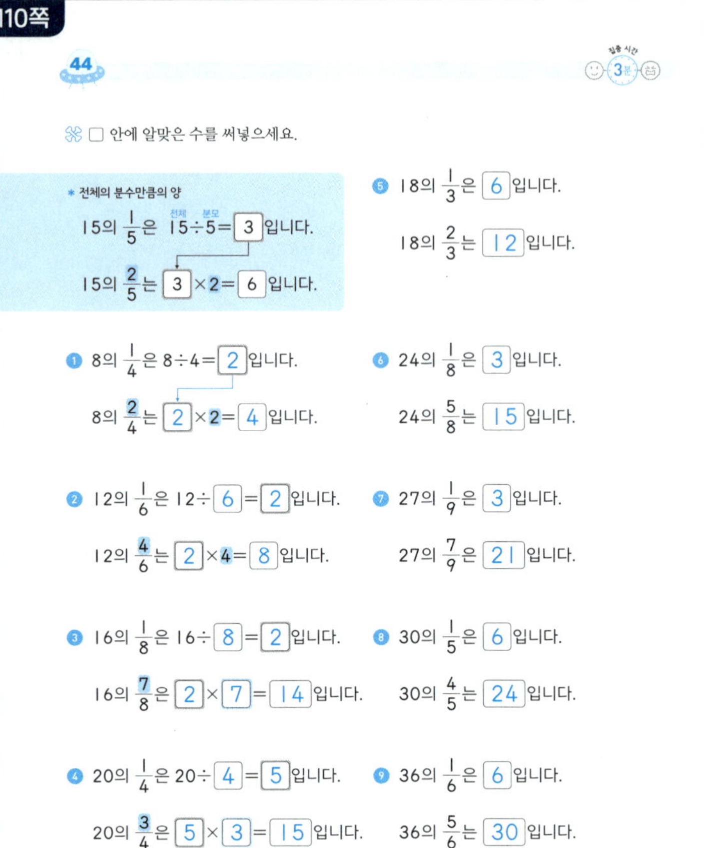

45 길이에 대한 분수만큼은 얼마일까

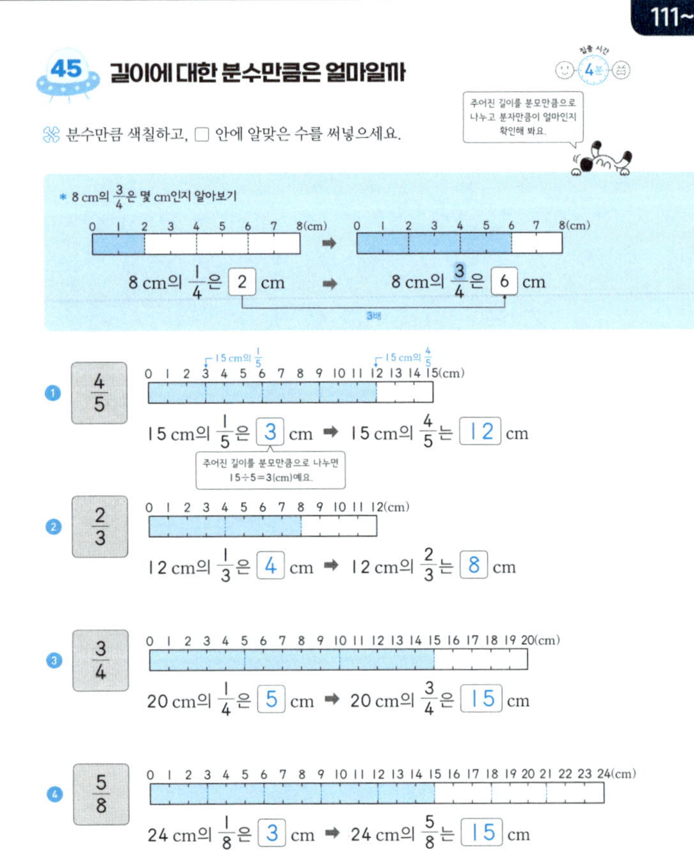

45

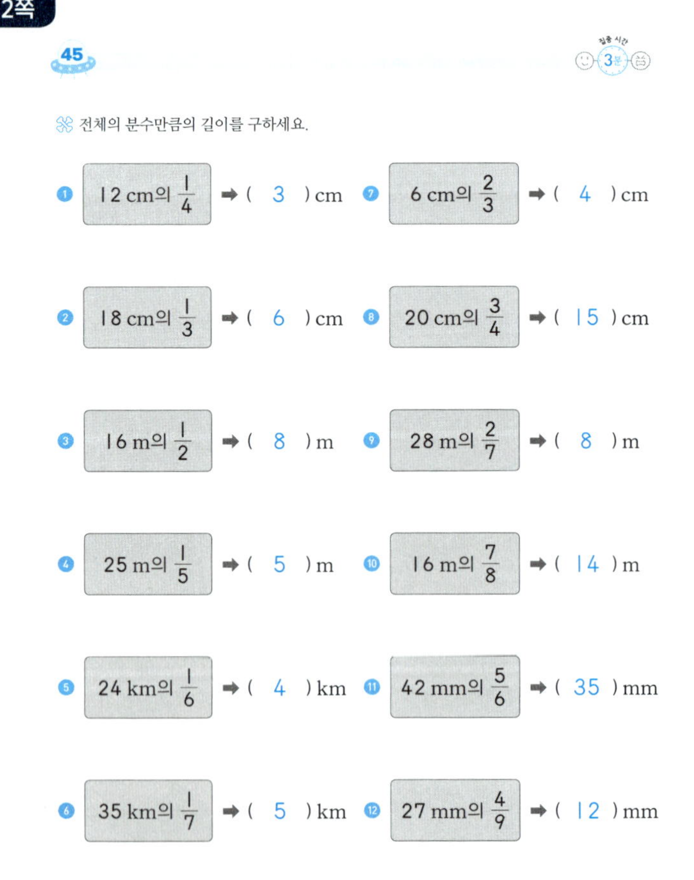

46 시간에 대한 분수만큼은 얼마일까

※ 분수만큼 색칠하고, □ 안에 알맞은 수를 써넣으세요.

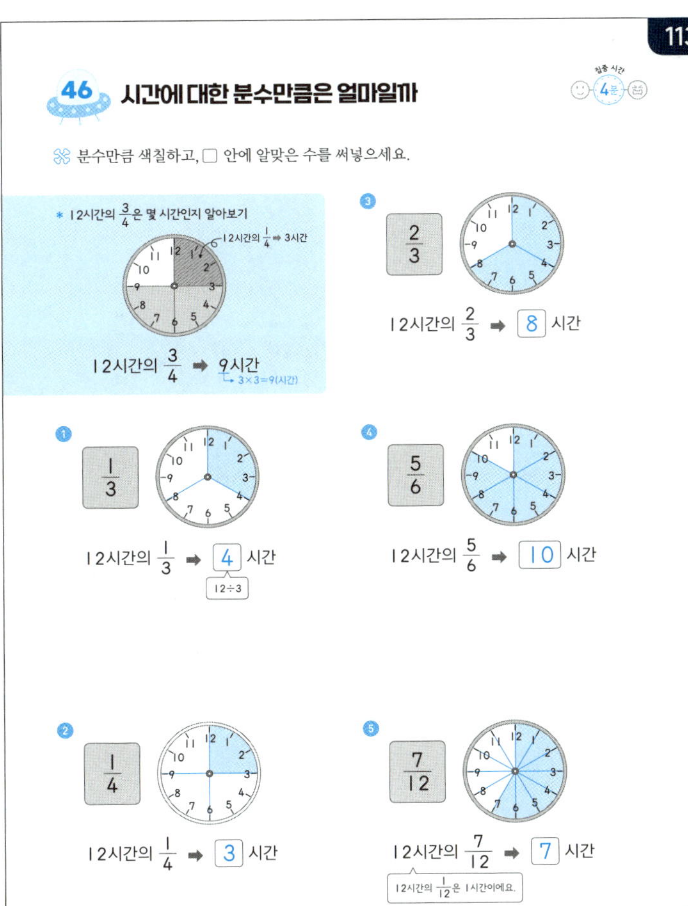

46

※ 전체의 분수만큼의 시간을 구하세요. 전체가 60분으로 바뀌었을 뿐! 계산 방법은 똑같아요!

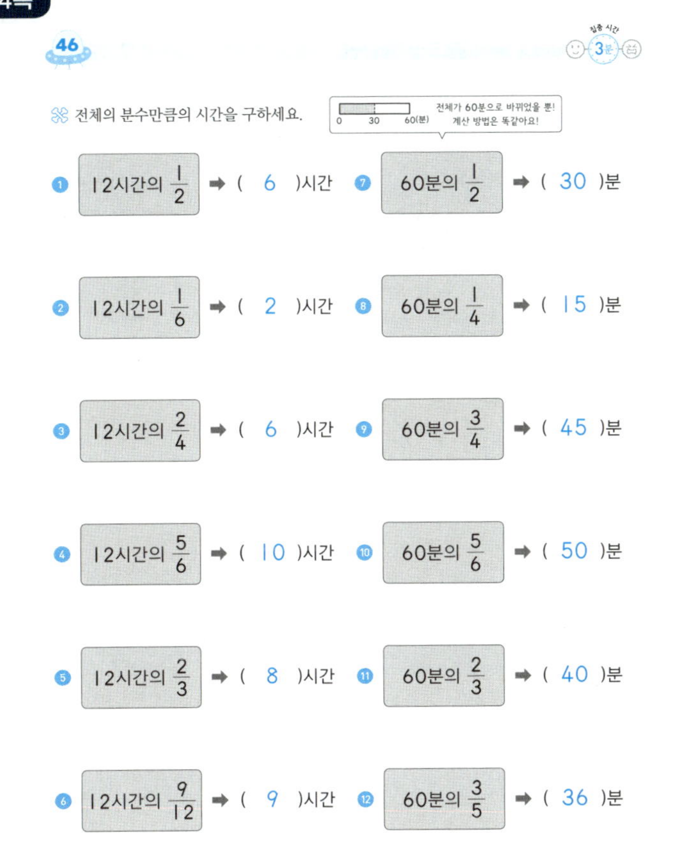

47 진분수, 가분수, 대분수

※ 진분수는 '진', 가분수는 '가', 대분수는 '대'를 쓰세요.

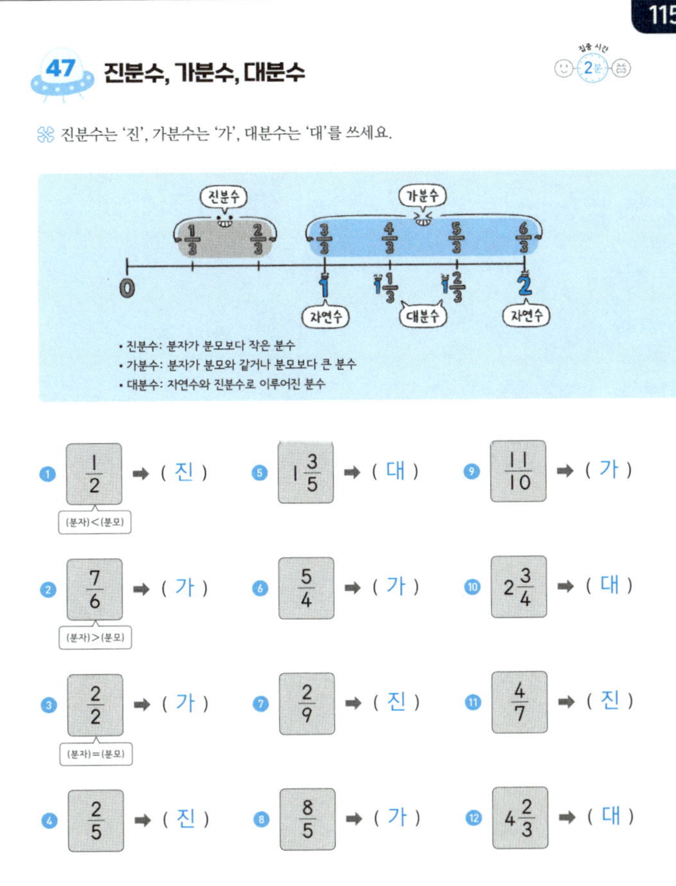

47

※ □ 안에 들어갈 수를 모두 찾아 ○표 하세요.

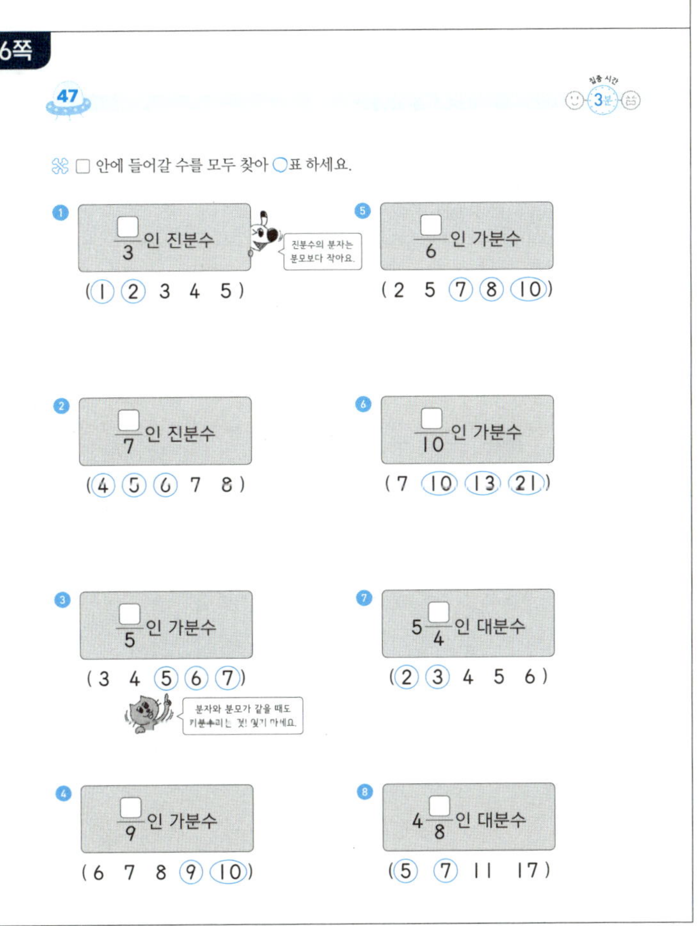

48 대분수를 가분수로 바꾸자

❀ 대분수를 가분수로 나타내세요.

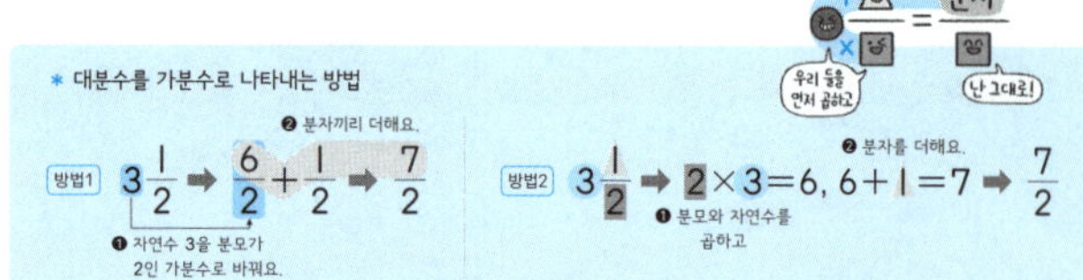

* 대분수를 가분수로 나타내는 방법

방법1 $3\frac{1}{2} \Rightarrow \frac{6}{2} + \frac{1}{2} \Rightarrow \frac{7}{2}$

❶ 자연수 3을 분모가 2인 가분수로 바꿔요. ❷ 분자끼리 더해요.

방법2 $3\frac{1}{2} \Rightarrow 2\times3=6,\ 6+1=7 \Rightarrow \frac{7}{2}$

❶ 분모와 자연수를 곱하고 ❷ 분자를 더해요.

① $2\frac{2}{3} \Rightarrow \frac{6}{3} + \frac{2}{3} \Rightarrow \frac{8}{3}$

② $1\frac{3}{4} \Rightarrow \frac{7}{4}$

③ $2\frac{2}{5} \Rightarrow \frac{12}{5}$

④ $1\frac{5}{6} \Rightarrow \frac{11}{6}$

⑤ $3\frac{4}{7} \Rightarrow \frac{25}{7}$

⑥ $2\frac{3}{8} \Rightarrow \frac{19}{8}$

⑦ $1\frac{2}{9} \Rightarrow \frac{11}{9}$

⑧ $4\frac{3}{10} \Rightarrow \frac{43}{10}$

⑨ $1\frac{6}{11} \Rightarrow \frac{17}{11}$

⑩ $1\frac{1}{12} \Rightarrow \frac{13}{12}$

48

❀ 대분수를 가분수로 나타내세요.

① $1\frac{1}{4} \Rightarrow (\ \frac{5}{4}\ )$

② $2\frac{4}{5} \Rightarrow (\ \frac{14}{5}\ )$

③ $3\frac{1}{3} \Rightarrow (\ \frac{10}{3}\ )$

④ $5\frac{1}{2} \Rightarrow (\ \frac{11}{2}\ )$

⑤ $1\frac{7}{8} \Rightarrow (\ \frac{15}{8}\ )$

⑥ $5\frac{2}{3} \Rightarrow (\ \frac{17}{3}\ )$

⑦ $3\frac{3}{5} \Rightarrow (\ \frac{18}{5}\ )$

⑧ $4\frac{4}{9} \Rightarrow (\ \frac{40}{9}\ )$

⑨ $2\frac{6}{7} \Rightarrow (\ \frac{20}{7}\ )$

⑩ $1\frac{8}{9} \Rightarrow (\ \frac{17}{9}\ )$

⑪ $4\frac{1}{6} \Rightarrow (\ \frac{25}{6}\ )$

⑫ $1\frac{9}{11} \Rightarrow (\ \frac{20}{11}\ )$

49 가분수를 대분수로 바꾸자

❀ 가분수를 대분수로 나타내세요.

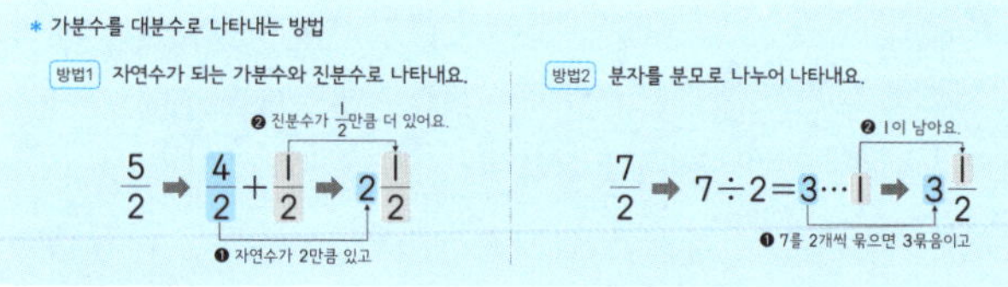

* 가분수를 대분수로 나타내는 방법

방법1 자연수가 되는 가분수와 진분수로 나타내요.

$\frac{5}{2} \Rightarrow \frac{4}{2} + \frac{1}{2} \Rightarrow 2\frac{1}{2}$

❶ 자연수가 2만큼 있고 ❷ 진분수가 $\frac{1}{2}$ 만큼 더 있어요.

방법2 분자를 분모로 나누어 나타내요.

$\frac{7}{2} \Rightarrow 7\div2=3\cdots1 \Rightarrow 3\frac{1}{2}$

❶ 7를 2개씩 묶으면 3묶음이고 ❷ 1이 남아요.

① $\frac{9}{4} \Rightarrow \frac{8}{4} + \frac{1}{4} \Rightarrow 2\frac{1}{4}$

② $\frac{7}{3} \Rightarrow 2\frac{1}{3}$

③ $\frac{8}{5} \Rightarrow 1\frac{3}{5}$

④ $\frac{15}{8} \Rightarrow 1\frac{7}{8}$

⑤ $\frac{17}{9} \Rightarrow 1\frac{8}{9}$

⑥ $\frac{12}{5} \Rightarrow 2\frac{2}{5}$

⑦ $\frac{13}{6} \Rightarrow 2\frac{1}{6}$

⑧ $\frac{19}{7} \Rightarrow 2\frac{5}{7}$

⑨ $\frac{21}{9} \Rightarrow 2\frac{3}{9}$

⑩ $\frac{25}{8} \Rightarrow 3\frac{1}{8}$

49

❀ 가분수를 대분수로 나타내세요.

① $\frac{5}{3} \Rightarrow (\ 1\frac{2}{3}\ )$

② $\frac{5}{4} \Rightarrow (\ 1\frac{1}{4}\ )$

③ $\frac{13}{7} \Rightarrow (\ 1\frac{6}{7}\ )$

④ $\frac{13}{8} \Rightarrow (\ 1\frac{5}{8}\ )$

⑤ $\frac{14}{9} \Rightarrow (\ 1\frac{5}{9}\ )$

⑥ $\frac{19}{6} \Rightarrow (\ 3\frac{1}{6}\ )$

⑦ $\frac{24}{5} \Rightarrow (\ 4\frac{4}{5}\ )$

⑧ $\frac{13}{2} \Rightarrow (\ 6\frac{1}{2}\ )$

⑨ $\frac{25}{3} \Rightarrow (\ 8\frac{1}{3}\ )$

⑩ $\frac{31}{6} \Rightarrow (\ 5\frac{1}{6}\ )$

⑪ $\frac{20}{7} \Rightarrow (\ 2\frac{6}{7}\ )$

⑫ $\frac{15}{2} \Rightarrow (\ 7\frac{1}{2}\ )$

50 분모가 같은 분수의 크기를 비교하자

⏱ 3분

❈ 두 분수의 크기를 비교하여 ○ 안에 >, =, <를 알맞게 써넣으세요.

* 가분수의 크기 비교
4<6
$\frac{4}{3}$ < $\frac{6}{3}$

* 대분수의 크기 비교
2<4
$2\frac{3}{7}$ < $4\frac{6}{7}$

3>1
$4\frac{3}{5}$ > $4\frac{1}{5}$

➡ 분모가 같은 분수는 분자가 클수록 더 큰 분수예요.

➡ 자연수 부분부터 비교하여 자연수가 클수록 더 큰 분수예요. 자연수가 같으면 분자가 클수록 더 큰 분수예요.

① 8>5 $\frac{8}{3}$ > $\frac{5}{3}$

⑤ $2\frac{5}{6}$ > $1\frac{1}{6}$

⑨ $2\frac{4}{9}$ < $2\frac{7}{9}$

② $\frac{7}{4}$ < $\frac{9}{4}$

⑥ $3\frac{2}{3}$ < $4\frac{1}{3}$

⑩ $5\frac{7}{8}$ > $5\frac{3}{8}$

③ $\frac{5}{3}$ < $\frac{7}{3}$

⑦ $6\frac{3}{5}$ > $5\frac{4}{5}$

⑪ $3\frac{4}{9}$ < $3\frac{5}{9}$

④ $\frac{9}{6}$ < $\frac{13}{6}$

⑧ $2\frac{3}{8}$ < $3\frac{1}{8}$

⑫ $6\frac{10}{11}$ > $6\frac{8}{11}$

50

⏱ 3분

❈ 두 분수 중 더 큰 분수를 빈칸에 써넣으세요.

① $3\frac{1}{2}$ | $4\frac{1}{2}$ → $4\frac{1}{2}$

④ $\frac{37}{6}$ | $\frac{35}{6}$ → $\frac{37}{6}$

⑦ $\frac{23}{8}$ | $\frac{25}{8}$ → $\frac{25}{8}$

② $4\frac{1}{3}$ | $4\frac{2}{3}$ → $4\frac{2}{3}$

⑤ $\frac{50}{7}$ | $\frac{52}{7}$ → $\frac{52}{7}$

⑧ $4\frac{4}{5}$ | $5\frac{1}{5}$ → $5\frac{1}{5}$

③ $\frac{25}{4}$ | $\frac{23}{4}$ → $\frac{25}{4}$

⑥ $3\frac{2}{9}$ | $3\frac{1}{9}$ → $3\frac{2}{9}$

⑨ $5\frac{1}{11}$ | $4\frac{9}{11}$ → $5\frac{1}{11}$

51 가분수를 대분수로, 대분수를 가분수로 바꾸어 비교하자

⏱ 4분

❈ 가분수를 대분수로 나타내고, 두 분수의 크기를 비교하세요. ○ 안에 >, =, <를 써넣어요~

① $\frac{7}{2}$ = $3\frac{1}{2}$ > $2\frac{1}{2}$
대분수로 나타내요.
$\frac{7}{2}$ ➡ 7÷2=3···1 ➡ $3\frac{1}{2}$

⑦ $\frac{9}{4}$ = $2\frac{1}{4}$ < $2\frac{3}{4}$

② $\frac{22}{5}$ = $4\frac{2}{5}$ < $4\frac{3}{5}$

⑧ $\frac{14}{5}$ = $2\frac{4}{5}$ < $3\frac{2}{5}$

③ $\frac{9}{7}$ = $1\frac{2}{7}$ = $1\frac{2}{7}$

⑨ $\frac{16}{9}$ = $1\frac{7}{9}$ > $1\frac{5}{9}$

④ $\frac{14}{3}$ = $4\frac{2}{3}$ < $5\frac{1}{3}$

⑩ $\frac{25}{6}$ = $4\frac{1}{6}$ > $3\frac{5}{6}$

⑤ $\frac{19}{8}$ = $2\frac{3}{8}$ > $2\frac{1}{8}$

⑪ $\frac{29}{8}$ = $3\frac{5}{8}$ > $3\frac{3}{8}$

⑥ $\frac{27}{4}$ = $6\frac{3}{4}$ < $7\frac{1}{4}$

⑫ $\frac{29}{7}$ = $4\frac{1}{7}$ < $4\frac{4}{7}$

51

⏱ 4분

❈ 대분수를 가분수로 나타내고, 두 분수의 크기를 비교하세요. ○ 안에 >, =, <를 써넣어요~

① $3\frac{2}{3}$ = $\frac{11}{3}$ < $\frac{13}{3}$
가분수로 나타내요.

⑦ $3\frac{4}{5}$ = $\frac{19}{5}$ < $\frac{22}{5}$

② $3\frac{3}{4}$ = $\frac{15}{4}$ < $\frac{17}{4}$

⑧ $4\frac{1}{7}$ = $\frac{29}{7}$ < $\frac{30}{7}$

③ $1\frac{5}{8}$ = $\frac{13}{8}$ > $\frac{11}{8}$

⑨ $6\frac{1}{4}$ = $\frac{25}{4}$ < $\frac{27}{4}$

④ $2\frac{5}{6}$ = $\frac{17}{6}$ < $\frac{19}{6}$

⑩ $2\frac{8}{11}$ = $\frac{30}{11}$ > $\frac{21}{11}$

⑤ $1\frac{8}{9}$ = $\frac{17}{9}$ > $\frac{15}{9}$

⑪ $4\frac{3}{10}$ = $\frac{43}{10}$ > $\frac{41}{10}$

⑥ $3\frac{2}{7}$ = $\frac{23}{7}$ > $\frac{22}{7}$

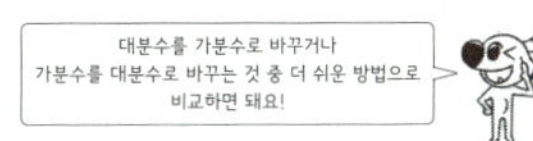

52 생활 속 연산 – 분수

집중 시간 3분

❋ 그림을 보고 □ 안에 알맞은 수나 말을 써넣으세요.

1 
우리 반 학생 28명 중의 $\frac{1}{4}$은 안경을 썼습니다.
우리 반에서 안경을 쓴 학생은 모두 **7** 명입니다.

2 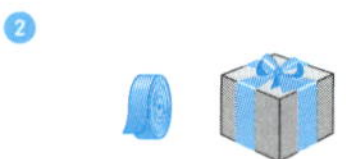
길이가 64 cm인 리본 테이프가 있습니다.
선물을 포장하는 데 전체의 $\frac{5}{8}$만큼 사용했습니다.
사용한 리본 테이프는 **40** cm입니다.

3 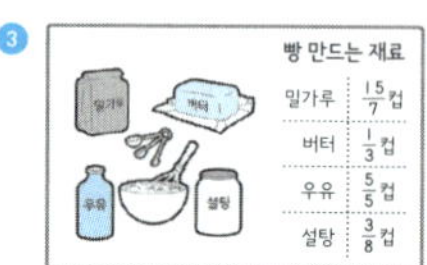
빵을 만드는 데 필요한 재료 중에서 필요한 양이
진분수인 재료는 **버터** , **설탕** 이고, 필요한
양이 가분수인 재료는 **밀가루** , **우유** 입니다.

빵 만드는 재료
밀가루 $1\frac{5}{7}$컵
버터 $\frac{1}{3}$컵
우유 $\frac{9}{5}$컵
설탕 $\frac{3}{8}$컵

4 
유진이와 지훈이가 제자리멀리뛰기를 했습니다.
유진이는 $\frac{8}{7}$ m, 지훈이는 $1\frac{2}{7}$ m를 뛰었습니다.
더 멀리 뛴 사람은 **지훈** 입니다.

---

52 꿀꺽! 연산 간식

집중 시간 3분

❋ 수학 단서를 풀면 바빠독이 어떤 친구인지 알 수 있어요. 빈칸에 알맞은 수를 써넣어 소개
글을 완성하세요.

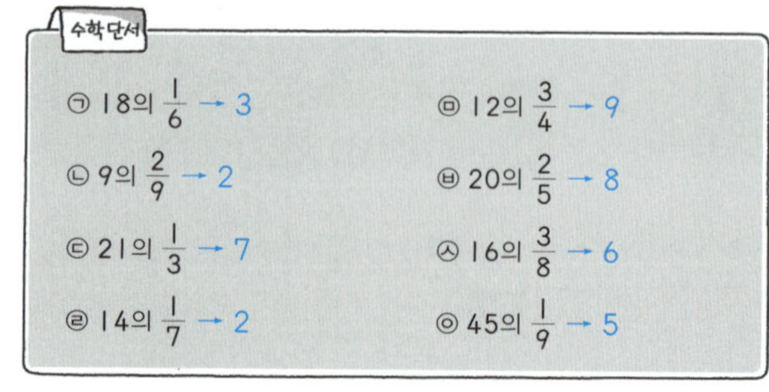

넷째 마당 통과 문제 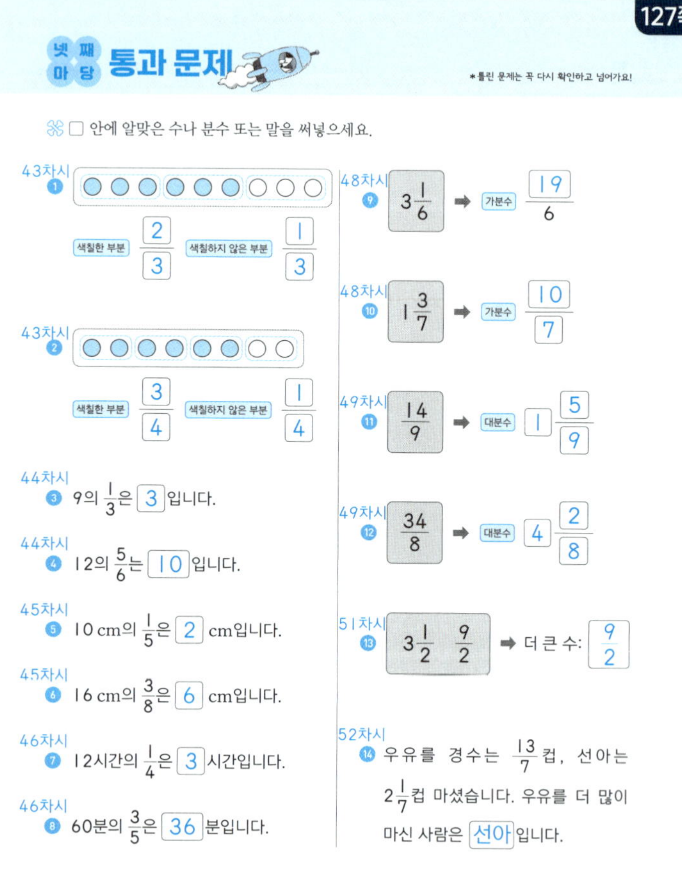

* 틀린 문제는 꼭 다시 확인하고 넘어가요!

❋ □ 안에 알맞은 수나 분수 또는 말을 써넣으세요.

43차시
1
색칠한 부분 $\frac{2}{3}$ 색칠하지 않은 부분 $\frac{1}{3}$

43차시
2
색칠한 부분 $\frac{3}{4}$ 색칠하지 않은 부분 $\frac{1}{4}$

44차시
3 9의 $\frac{1}{3}$은 **3** 입니다.

44차시
4 12의 $\frac{5}{6}$는 **10** 입니다.

45차시
5 10 cm의 $\frac{1}{5}$은 **2** cm입니다.

45차시
6 16 cm의 $\frac{3}{8}$은 **6** cm입니다.

46차시
7 12시간의 $\frac{1}{4}$은 **3** 시간입니다.

46차시
8 60분의 $\frac{3}{5}$은 **36** 분입니다.

48차시
9 $3\frac{1}{6}$ ➡ 가분수 $\frac{19}{6}$

48차시
10 $1\frac{3}{7}$ ➡ 가분수 $\frac{10}{7}$

49차시
11 $\frac{14}{9}$ ➡ 대분수 $1\frac{5}{9}$

49차시
12 $\frac{34}{8}$ ➡ 대분수 $4\frac{2}{8}$

51차시
13 $3\frac{1}{2}$ $\frac{9}{2}$ ➡ 더 큰 수: $\frac{9}{2}$

52차시
14 우유를 경수는 $\frac{13}{7}$ 컵, 선아는
$2\frac{1}{7}$컵 마셨습니다. 우유를 더 많이
마신 사람은 **선아** 입니다.

53 1 L는 1000 mL, 1000 mL는 1 L야

점수 시간 2분

$$1\,L = 1000\,mL$$

❊ □ 안에 알맞은 수를 써넣으세요.

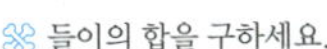

1 L 500 mL
= 1 L + 500 mL
= 1000 mL + 500 mL
= 1500 mL

➊ 2 L = **2000** mL
■ L = ■000 mL

➋ 3 L = **3000** mL

➌ 1 L 700 mL = **1700** mL
1000 mL + 700 mL

➍ 2 L 300 mL = **2300** mL

➎ 5 L 105 mL = **5105** mL

➏ 9 L 602 mL = **9602** mL

➐ 7 L 210 mL = **7210** mL

➑ 8 L 980 mL = **8980** mL

➒ 3 L 425 mL = **3425** mL

앗! 실수

➓ 6 L 80 mL = **6080** mL
6000 mL + 80 mL

⓫ 8 L 4 mL = **8004** mL

53

점수 시간 2분

$$1000\,mL = 1\,L$$

❊ □ 안에 알맞은 수를 써넣으세요.

➊ 3000 mL = **3** L
■000 mL = ■ L

우리의 양은 같아요!
1 L / 1000 mL

➋ 5000 mL = **5** L

➌ 4300 mL = **4** L **300** mL
4000 mL + 300 mL

➍ 2800 mL = **2** L **800** mL

➎ 6250 mL = **6** L **250** mL

➏ 7190 mL = **7** L **190** mL

➐ 8540 mL = **8** L **540** mL

➑ 1375 mL = **1** L **375** mL

➒ 3829 mL = **3** L **829** mL

➓ 9376 mL = **9** L **376** mL

앗! 실수

⓫ 8043 mL = **8** L **43** mL
8000 mL + 43 mL

⓬ 4005 mL = **4** L **5** mL

---

54 L는 L끼리, mL는 mL끼리 더하자!

점수 시간 3분

❊ 들이의 합을 구하세요.

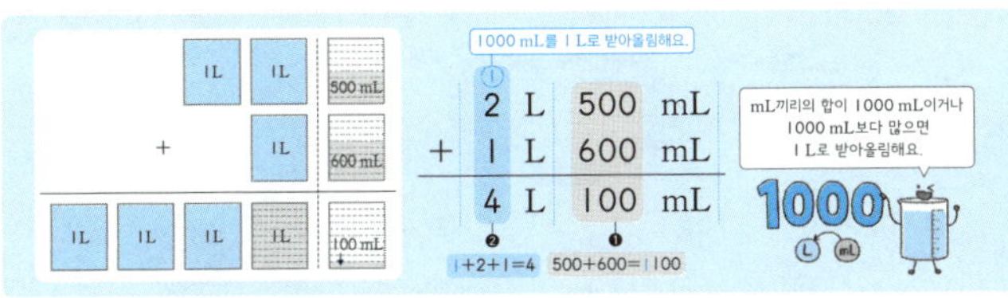

1000 mL를 1 L로 받아올림해요.

```
    2 L   500 mL
 +  1 L   600 mL
-------------------
    4 L   100 mL
```

mL끼리의 합이 1000 mL이거나 1000 mL보다 많으면 1 L로 받아올림해요.

1000
1 + 2 + 1 = 4   500 + 600 = 100

➊
```
    4 L  200 mL
 +  1 L  300 mL
-----------------
    5 L  500 mL
```

➋
```
    5 L  100 mL
 +  2 L  600 mL
-----------------
    7 L  700 mL
```

➌
```
    2 L  150 mL
 +  2 L  300 mL
-----------------
    4 L  450 mL
```

➍
```
    7 L  300 mL
 +  1 L  550 mL
-----------------
    8 L  850 mL
```

mL에서 받아올림한 수

➎
```
    3 L  700 mL
 +  1 L  500 mL
-----------------
    5 L  200 mL
```

➏
```
    2 L  800 mL
 +  4 L  600 mL
-----------------
    7 L  400 mL
```

➐
```
    3 L  900 mL
 +  4 L  300 mL
-----------------
    8 L  200 mL
```

➑
```
    4 L  700 mL
 +  2 L  800 mL
-----------------
    7 L  500 mL
```

54

점수 시간 3분

❊ 들이의 합을 구하세요.

받아올림이 있을 수 있으니 mL끼리 먼저 더해야 해요.

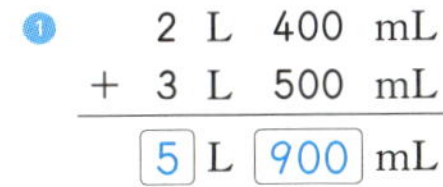

➊
```
    2 L  400 mL
 +  3 L  500 mL
-----------------
    5 L  900 mL
```

➋
```
    4 L  600 mL
 +  3 L  200 mL
-----------------
    7 L  800 mL
```

➌
```
    3 L  800 mL
 +  5 L  300 mL
-----------------
    9 L  100 mL
```

➍
```
    4 L  400 mL
 +  1 L  700 mL
-----------------
    6 L  100 mL
```

➎
```
    4 L  200 mL
 +  4 L  900 mL
-----------------
    9 L  100 mL
```

➏
```
    6 L  500 mL
 +  3 L  800 mL
-----------------
   10 L  300 mL
```

➐
```
    5 L  900 mL
 +  6 L  700 mL
-----------------
   12 L  600 mL
```

➑
```
    7 L  600 mL
 +  3 L  900 mL
-----------------
   11 L  500 mL
```

앗! 실수

➒
```
    8 L  750 mL
 +  1 L  600 mL
-----------------
   10 L  350 mL
```

➓
```
    3 L  850 mL
 +  9 L  950 mL
-----------------
   13 L  800 mL
```

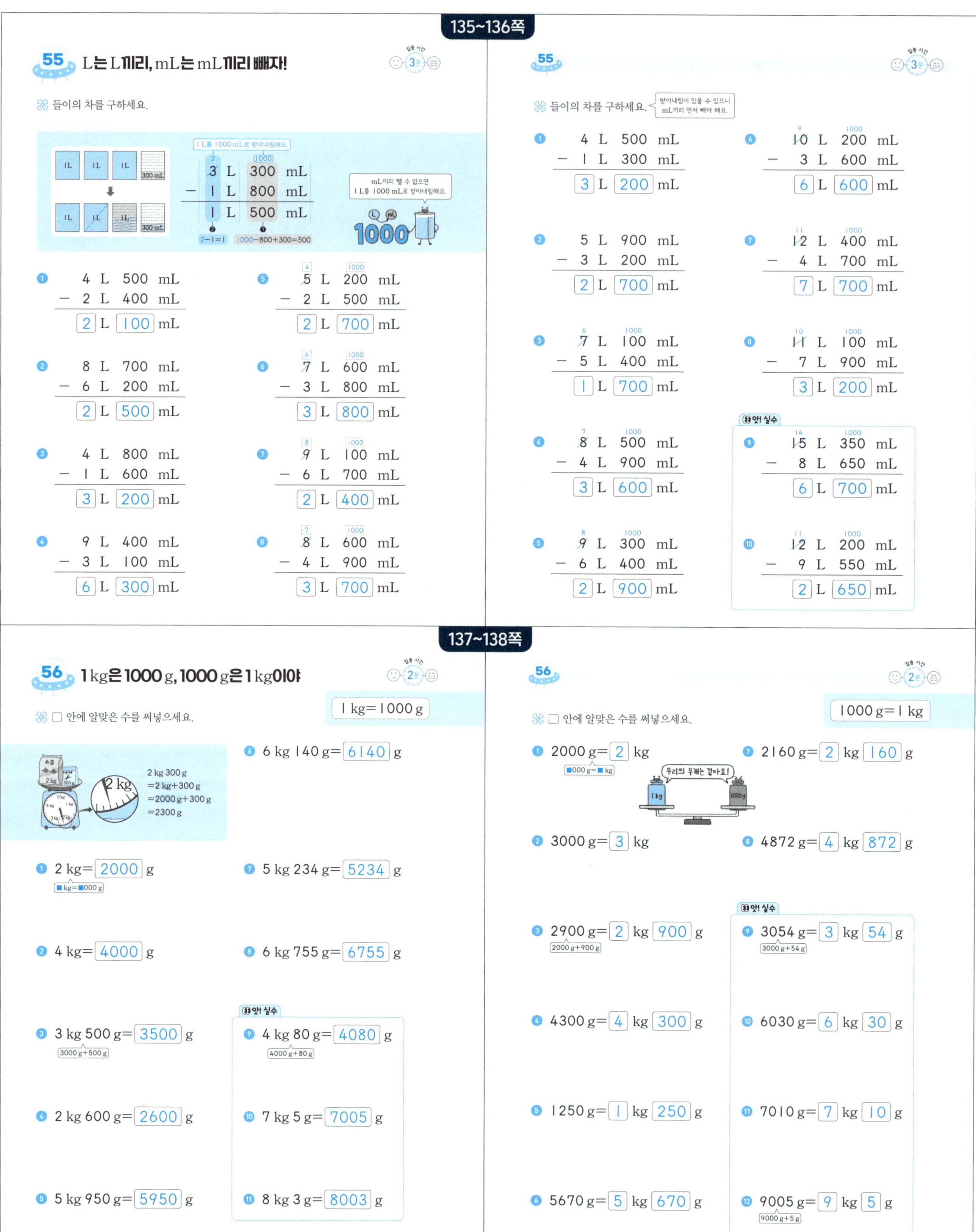

135~136쪽

55 L는 L끼리, mL는 mL끼리 빼자!
셈 시간 3분

들이의 차를 구하세요.

1 L를 1000 mL로 받아내림해요.
3 L 300 mL
− 1 L 800 mL
1 L 500 mL
mL끼리 뺄 수 없으면 1 L를 1000 mL로 받아내림해요.
2−1=1   1000−800+300=500
1000

1   4 L 500 mL
    − 2 L 400 mL
      2 L 100 mL

2   8 L 700 mL
    − 6 L 200 mL
      2 L 500 mL

3   4 L 800 mL
    − 1 L 600 mL
      3 L 200 mL

4   9 L 400 mL
    − 3 L 100 mL
      6 L 300 mL

5   5 L 200 mL
    − 2 L 500 mL
      2 L 700 mL

6   7 L 600 mL
    − 3 L 800 mL
      3 L 800 mL

7   9 L 100 mL
    − 6 L 700 mL
      2 L 400 mL

8   8 L 600 mL
    − 4 L 900 mL
      3 L 700 mL

55
셈 시간 3분

들이의 차를 구하세요.
받아내림이 있을 수 있으니 mL끼리 먼저 빼야 해요.

1   4 L 500 mL
    − 1 L 300 mL
      3 L 200 mL

2   5 L 900 mL
    − 3 L 200 mL
      2 L 700 mL

3   7 L 100 mL
    − 5 L 400 mL
      1 L 700 mL

4   8 L 500 mL
    − 4 L 900 mL
      3 L 600 mL

5   9 L 300 mL
    − 6 L 400 mL
      2 L 900 mL

6   10 L 200 mL
    − 3 L 600 mL
      6 L 600 mL

7   12 L 400 mL
    − 4 L 700 mL
      7 L 700 mL

8   11 L 100 mL
    − 7 L 900 mL
      3 L 200 mL

앗 실수
9   15 L 350 mL
    − 8 L 650 mL
      6 L 700 mL

10   12 L 200 mL
    − 9 L 550 mL
      2 L 650 mL

137~138쪽

56 1 kg은 1000 g, 1000 g은 1 kg이야
셈 시간 2분

1 kg=1000 g

□ 안에 알맞은 수를 써넣으세요.

2 kg 300 g
=2 kg+300 g
=2000 g+300 g
=2300 g

1 2 kg= 2000 g
■ kg=■000 g

2 4 kg= 4000 g

3 3 kg 500 g= 3500 g
3000 g+500 g

4 2 kg 600 g= 2600 g

5 5 kg 950 g= 5950 g

6 6 kg 140 g= 6140 g

7 5 kg 234 g= 5234 g

8 6 kg 755 g= 6755 g

앗 실수
9 4 kg 80 g= 4080 g
4000 g+80 g

10 7 kg 5 g= 7005 g

11 8 kg 3 g= 8003 g

56
셈 시간 2분

1000 g=1 kg

□ 안에 알맞은 수를 써넣으세요.

1 2000 g= 2 kg
■000 g=■ kg

2 3000 g= 3 kg

3 2900 g= 2 kg 900 g
2000 g+900 g

4 4300 g= 4 kg 300 g

5 1250 g= 1 kg 250 g

6 5670 g= 5 kg 670 g

7 2160 g= 2 kg 160 g

8 4872 g= 4 kg 872 g

우리의 무게는 같아요!
1 kg   1000 g

앗 실수
9 3054 g= 3 kg 54 g
3000 g+54 g

10 6030 g= 6 kg 30 g

11 7010 g= 7 kg 10 g

12 9005 g= 9 kg 5 g
9000 g+5 g

57 kg은 kg끼리, g은 g끼리 더하자!

❈ 무게의 합을 구하세요.

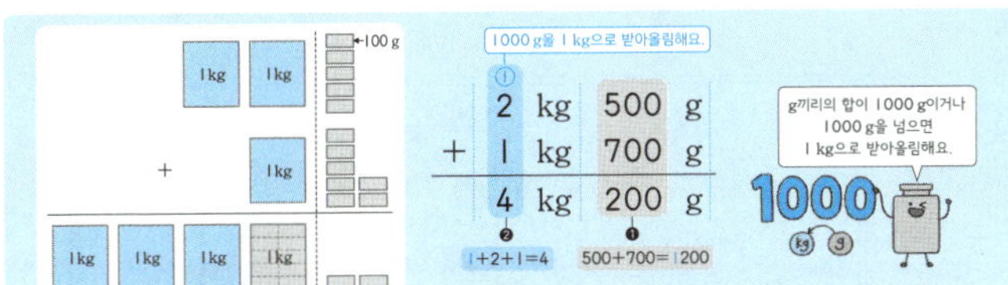

1000 g을 1 kg으로 받아올림해요.

	2	kg	500	g
+	1	kg	700	g
	4	kg	200	g

1+2+1=4   500+700=1200

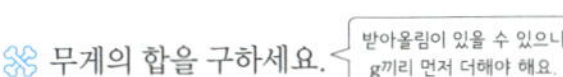
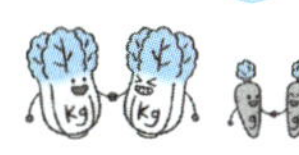

g끼리의 합이 1000 g이거나 1000 g을 넘으면 1 kg으로 받아올림해요.

1000

①
```
   1 kg  300 g
+  4 kg  200 g
   5 kg  500 g
```

⑤
g에서 받아올림한 수 1
```
   1 kg  800 g
+  2 kg  300 g
   4 kg  100 g
```

②
```
   3 kg  200 g
+  2 kg  700 g
   5 kg  900 g
```

⑥
```
   5 kg  700 g
+  3 kg  700 g
   9 kg  400 g
```

③
```
   1 kg  300 g
+  7 kg  500 g
   8 kg  800 g
```

⑦
```
   4 kg  400 g
+  3 kg  800 g
   8 kg  200 g
```

④
```
   5 kg  600 g
+  4 kg  100 g
   9 kg  700 g
```

⑧
```
   2 kg  800 g
+  4 kg  900 g
   7 kg  700 g
```

57

❈ 무게의 합을 구하세요. 받아올림이 있을 수 있으니 g끼리 먼저 더해야 해요

①
```
   1 kg  200 g
+  3 kg  400 g
   4 kg  600 g
```

⑥
```
   7 kg  600 g
+  2 kg  600 g
  10 kg  200 g
```

②
```
   5 kg  100 g
+  1 kg  300 g
   6 kg  400 g
```

⑦
```
   8 kg  900 g
+  2 kg  500 g
  11 kg  400 g
```

③
```
   2 kg  600 g
+  3 kg  500 g
   6 kg  100 g
```

⑧
```
   7 kg  400 g
+  6 kg  700 g
  14 kg  100 g
```

④
```
   4 kg  900 g
+  2 kg  300 g
   7 kg  200 g
```

⑨ 앗! 실수
```
   5 kg  650 g
+  4 kg  400 g
  10 kg   50 g
```

⑤
```
   1 kg  700 g
+  6 kg  800 g
   8 kg  500 g
```

⑩
```
   8 kg  350 g
+  9 kg  950 g
  18 kg  300 g
```


58 kg은 kg끼리, g은 g끼리 빼자!

❈ 무게의 차를 구하세요.

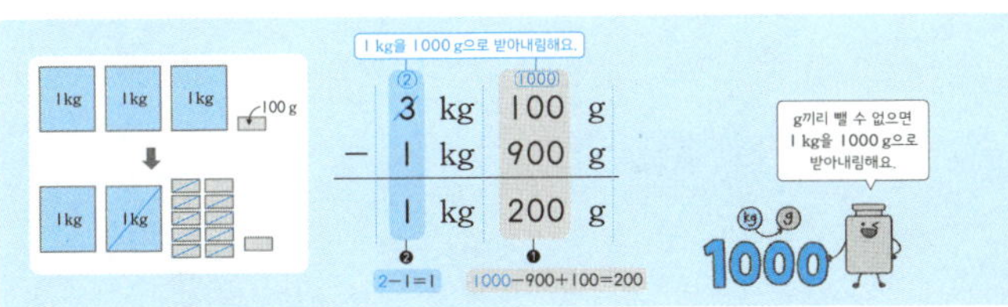

1 kg을 1000 g으로 받아내림해요.

	3	kg	100	g
−	1	kg	900	g
	1	kg	200	g

2−1=1   1000−900+100=200

g끼리 뺄 수 없으면 1 kg을 1000 g으로 받아내림해요.

1000

①
```
   5 kg  300 g
−  2 kg  100 g
   3 kg  200 g
```

⑤
```
   4 kg  200 g
−  1 kg  400 g
   2 kg  800 g
```

②
```
   8 kg  600 g
−  4 kg  200 g
   4 kg  400 g
```

⑥
```
   6 kg  400 g
−  3 kg  700 g
   2 kg  700 g
```

③
```
   7 kg  900 g
−  2 kg  400 g
   5 kg  500 g
```

⑦
```
   8 kg  500 g
−  2 kg  600 g
   5 kg  900 g
```

④
```
   9 kg  500 g
−  5 kg  100 g
   4 kg  400 g
```

⑧
```
   9 kg  200 g
−  3 kg  800 g
   5 kg  400 g
```

58

❈ 무게의 차를 구하세요. 받아내림이 있을 수 있으니 g끼리 먼저 빼야해요

①
```
   4 kg  800 g
−  2 kg  500 g
   2 kg  300 g
```

⑥
```
  10 kg  200 g
−  5 kg  700 g
   4 kg  500 g
```

②
```
   6 kg  500 g
−  4 kg  200 g
   2 kg  300 g
```

⑦
```
  12 kg  300 g
−  6 kg  500 g
   5 kg  800 g
```

③
```
   8 kg  600 g
−  3 kg  700 g
   4 kg  900 g
```

⑧
```
  16 kg  100 g
−  8 kg  800 g
   7 kg  300 g
```

④
```
   9 kg  100 g
−  6 kg  400 g
   2 kg  700 g
```

⑨ 앗! 실수
```
  13 kg  150 g
−  8 kg  950 g
   4 kg  200 g
```

⑤
```
   7 kg  500 g
−  3 kg  900 g
   3 kg  600 g
```

⑩
```
  11 kg  100 g
−  2 kg  850 g
   8 kg  250 g
```

143~144쪽

59 생활 속 연산 – 들이와 무게

※ 그림을 보고 □ 안에 알맞은 수를 써넣으세요.

❶ 포도 주스 1 L 500 mL와 망고 주스 2 L 200 mL가 있습니다. 포도 주스와 망고 주스는 모두 [3] L [700] mL입니다.

❷ 초록색 페인트가 7 L 600 mL 있고, 검은색 페인트는 초록색 페인트보다 1 L 700 mL 더 적게 들어 있습니다. 검은색 페인트는 [5] L [900] mL 있습니다.

❸ 준영이와 민서의 책가방의 무게를 각각 재었습니다. 준영이 책가방과 민서 책가방의 무게는 모두 [6] kg [300] g입니다.

❹ 멜론 박스와 귤 박스의 무게를 각각 재었습니다. 멜론 박스는 귤 박스보다 [1] kg [800] g 더 무겁습니다.

59 꿀떡! 연산 간식

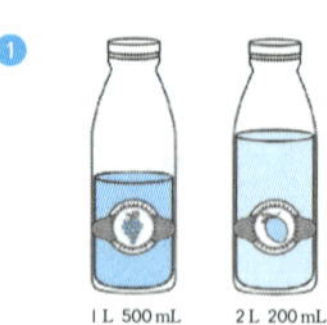

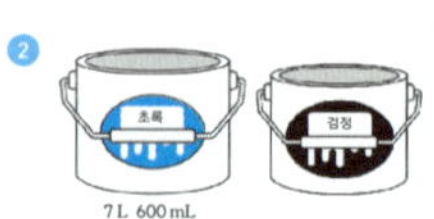

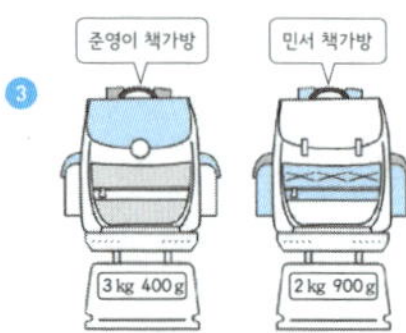

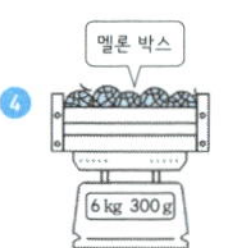

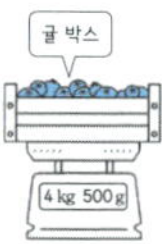

※ 오렌지 원액과 물을 섞어서 오렌지 주스를 만들었습니다. 만든 오렌지 주스의 양과 가족들이 마시고 남은 오렌지 주스의 양은 각각 얼마인지 구하세요.

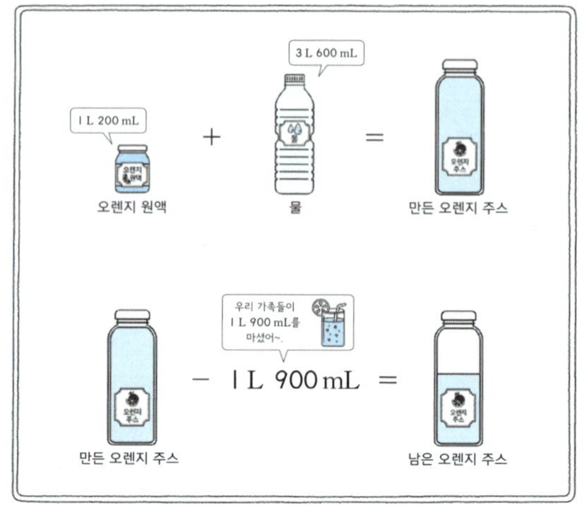

만든 오렌지 주스의 양 : [4] L [800] mL

마시고 남은 오렌지 주스의 양 : [2] L [900] mL

끝까지 풀다니!! 너 정말 멋지다~

145쪽

다섯째 마당 통과 문제

★틀린 문제는 꼭 다시 확인하고 넘어가요!

※ □ 안에 알맞은 수를 써넣으세요.

53차시
❶ 5 L=[5000] mL

53차시
❷ 2 L 500 mL=[2500] mL

53차시
❸ 5100 mL=[5] L [100] mL

53차시
❹ 8012 mL=[8] L [12] mL

56차시
❺ 3000 g=[3] kg

56차시
❻ 2 kg 700 g=[2700] g

56차시
❼ 6050 g=[6] kg [50] g

56차시
❽ 7004 g=[7] kg [4] g

54차시
❾
	4	L	200	mL
+	2	L	900	mL
	[7]	L	[100]	mL

55차시
❿
	5 (4)	L	500 (1000)	mL
−	3	L	700	mL
	[1]	L	[800]	mL

57차시
⓫
	1	kg	800	g
+	3	kg	300	g
	[5]	kg	[100]	g

58차시
⓬
	8 (7)	kg	200 (1000)	g
−	5	kg	800	g
	[2]	kg	[400]	g

59차시
⓭ 진우네 반 학생들은 딸기 우유 2 L 500 mL와 초코 우유 3 L 200 mL를 남김없이 먹었습니다. 진우네 반 학생들이 먹은 우유는 모두 [5] L [700] mL입니다.

교과서 연산 3-2 훈련 끝!
다음 학년으로 가 보자고~

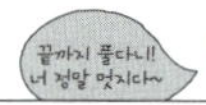

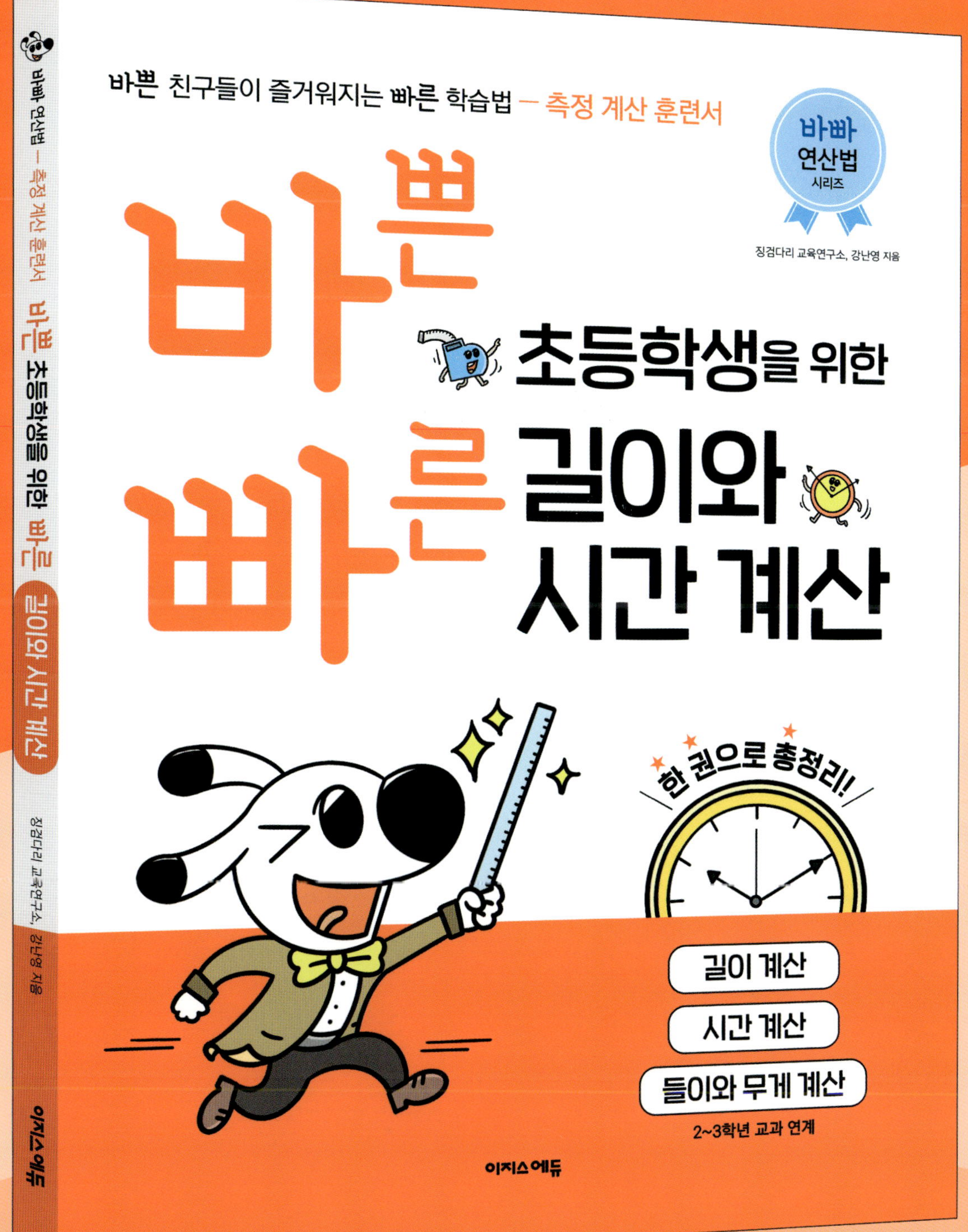

길이와 시간을 한 권에!
받아올림과 받아내림이 있는 단위 계산까지 OK!
바쁜 친구들이 즐거워지는 빠른 학습법 ─ 측정 계산 훈련서
바빠 연산법 시리즈
징검다리 교육연구소, 강난영 지음
초등학생을 위한
바쁜 빠른 길이와 시간 계산
한 권으로 총정리!
길이 계산
시간 계산
들이와 무게 계산
2~3학년 교과 연계
이지스에듀
바빠 연산법 ─ 측정 계산 훈련서 바쁜 초등학생을 위한 빠른 길이와 시간 계산
징검다리 교육연구소, 강난영 지음
이지스에듀

이번 학기 공부 습관을 만드는 첫 연산 책!

바빠 교과서 연산 3-2

알찬 교육 정보도 만나고 출판사 이벤트에도 참여하세요!

바빠 공부단 카페

cafe.naver.com/easyispub

'바빠 공부단' 카페에서 함께 공부해요!
수학, 영어 담당 바빠쌤의 지도를 받을 수 있어요.

인스타그램

@easys_edu

바빠 시리즈 출간 소식과 출판사 이벤트,
교육 정보를 제일 먼저 알려 드려요!

카카오톡 채널

이지스에듀 검색!

바쁜 친구들이 즐거워지는 **빠른** 학습서

영역별 연산책 바빠 연산법
방학 때나 학습 결손이 생겼을 때~

- 바쁜 1·2학년을 위한 빠른 **덧셈**
- 바쁜 1·2학년을 위한 빠른 **뺄셈**
- 바쁜 초등학생을 위한 빠른 **구구단**
- 바쁜 초등학생을 위한
  빠른 **시계와 시간** 

- 바쁜 초등학생을 위한
  빠른 **길이와 시간 계산, 19단**
- 바쁜 3·4학년을 위한 빠른 **덧셈/뺄셈**
- 바쁜 3·4학년을 위한 빠른 **곱셈**
- 바쁜 3·4학년을 위한 빠른 **나눗셈**
- 바쁜 3·4학년을 위한 빠른 **분수**
- 바쁜 3·4학년을 위한 빠른 **소수**
- 바쁜 3·4학년을 위한 빠른 **방정식**

- 바쁜 5·6학년을 위한 빠른 **곱셈**
- 바쁜 5·6학년을 위한 빠른 **나눗셈**
- 바쁜 5·6학년을 위한 빠른 **분수**
- 바쁜 5·6학년을 위한 빠른 **소수**
- 바쁜 5·6학년을 위한 빠른 **방정식**
- 바쁜 초등학생을 위한 빠른
  **약수와 배수, 평면도형 계산,
  입체도형 계산, 자연수의 혼합 계산,
  분수와 소수의 혼합 계산, 비와 비례,
  확률과 통계**

바빠 국어/ 급수한자
초등 교과서 필수 어휘와 문해력 완성!

- 바쁜 초등학생을 위한 빠른 **맞춤법 1**
- 바쁜 초등학생을 위한
  빠른 **급수한자 8급**
- 바쁜 초등학생을 위한 빠른 **독해 1, 2**

- 바쁜 초등학생을 위한 빠른 **독해 3, 4**
- 바쁜 초등학생을 위한 빠른 **맞춤법 2**
- 바쁜 초등학생을 위한
  빠른 **급수한자 7급 1, 2**

- 바쁜 초등학생을 위한
  빠른 **급수한자 6급 1, 2, 3**
- 보일락 말락~ 바빠 **급수한자판**
  + **6·7·8급 모의시험**

- 바빠 급수 시험과 어휘력 잡는
  초등 한자 총정리
- 바쁜 초등학생을 위한 빠른 **독해 5, 6**

바빠 영어
우리 집, 방학 특강 교재로 인기 최고!

- 바쁜 초등학생을 위한 빠른 **알파벳 쓰기**
- 바쁜 초등학생을 위한
  빠른 **영단어 스타터 1, 2**
- 바쁜 초등학생을 위한
  빠른 **사이트 워드 1, 2** 유튜브 강의 제공
- 바쁜 초등학생을 위한 빠른 **파닉스 1, 2**

- 전 세계 어린이들이 가장 많이 읽는
  영어동화 100편 : 명작/과학/위인동화
- 짝 단어로 끝내는 바빠 **초등 영단어**
  — 3·4학년용
- 바쁜 3·4학년을 위한 빠른 **영문법 1, 2**
- 바빠 초등 **필수 영단어**
- 바빠 초등 **필수 영단어 트레이닝**
- 바빠 초등 **영어 교과서 필수 표현**
- 바빠 초등 **영어 일기 쓰기**

- 짝 단어로 끝내는 바빠 **초등 영단어**
  — 5·6학년용
- 바빠 초등 **영문법** — 5·6학년용 1, 2, 3
- 바빠 초등 **영어시제 특강** — 5·6학년용
- 바빠 초등 문장의 5형식 **영작문**
- 바빠 초등 하루 5문장 **영어 글쓰기 1, 2**

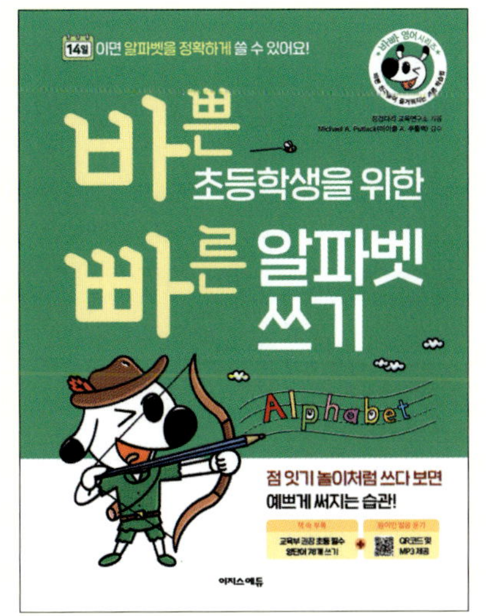

10일에 완성하는 영역별 연산 총정리!
바빠 연산법 (전 27권)

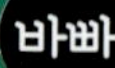

예비 1학년

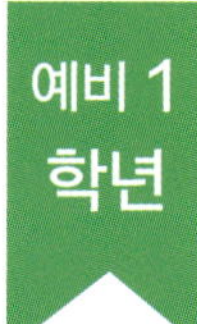

덧셈

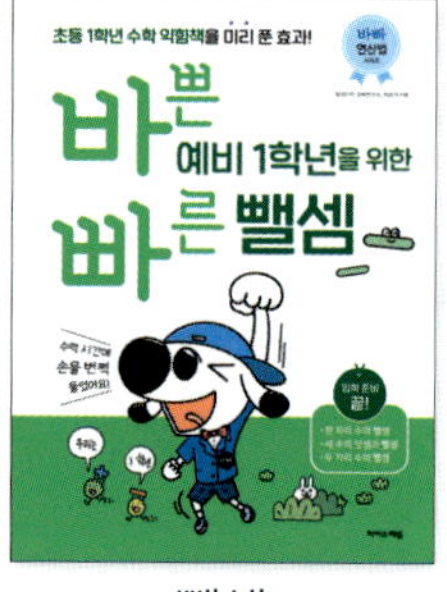
뺄셈

취약한 연산만 빠르게 보강!
바빠 연산법 시리즈

각 권 9,000~12,000원

- 시간이 절약되는 똑똑한 훈련법!
- 계산이 빨라지는 명강사들의 꿀팁이 가득!

1·2학년

덧셈

뺄셈

구구단

시계와 시간

길이와 시간 계산

3·4학년

덧셈   뺄셈   곱셈   나눗셈   분수

소수

방정식

5·6학년

곱셈

나눗셈

분수

소수

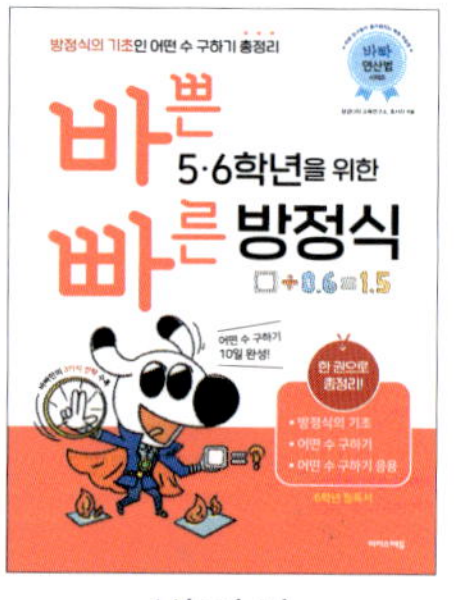
방정식

※ 약수와 배수, 자연수의 혼합 계산, 분수와 소수의 혼합 계산, 평면도형 계산, 입체도형 계산, 비와 비례, 확률과 통계, 19단 편도 출간!

같은 영역끼리 모아 연습하면 개념을 스스로 이해하고 정리할 수 있습니다!
－초등 교과서 집필진, 김진호 교수